U0351978

绿色低碳发展背景下碳排放
影响因素及减排路径研究
——以湖南省为例

卢瑜 著

西南财经大学出版社
中国·成都

图书在版编目(CIP)数据

绿色低碳发展背景下碳排放影响因素及减排路径研究:以湖南省为例/卢瑜
著.—成都:西南财经大学出版社,2021.3
ISBN 978-7-5504-4346-4

Ⅰ.①绿… Ⅱ.①卢… Ⅲ.①二氧化碳—排气—影响因素—研究—湖南
②二氧化碳—减量化—排气—研究—湖南 Ⅳ.①X511

中国版本图书馆 CIP 数据核字(2020)第 081452 号

绿色低碳发展背景下碳排放影响因素及减排路径研究——以湖南省为例
LÜSE DITAN FAZHAN BEIJINGXIA TANPAIFANG YINGXIANG YINSU JI JIANPAI LUJING YANJIU——YI HUNANSHENG WEILI
卢瑜 著

责任编辑:张岚
封面设计:张姗姗
责任印制:朱曼丽

出版发行	西南财经大学出版社(四川省成都市光华村街 55 号)
网　　址	http://www.bookcj.com
电子邮件	bookcj@swufe.edu.cn
邮政编码	610074
电　　话	028-87353785
照　　排	四川胜翔数码印务设计有限公司
印　　刷	郫县犀浦印刷厂
成品尺寸	170mm×240mm
印　　张	8.25
字　　数	154 千字
版　　次	2021 年 3 月第 1 版
印　　次	2021 年 3 月第 1 次印刷
书　　号	ISBN 978-7-5504-4346-4
定　　价	88.00 元

1. 版权所有,翻印必究。
2. 如有印刷、装订等差错,可向本社营销部调换。

前言

　　高速的经济增长和持续的城镇化、工业化，使得中国的能源消费及碳排放问题备受关注。积极应对气候变化和从严控制二氧化碳排放，已经成为国际社会的共识，绿色低碳经济已经成为世界经济发展的大趋势。中国早在国家"十二五"规划中就已提出绿色发展理念及目标；2009 年中国政府在哥本哈根世界气候大会上承诺 2020 年单位 GDP（国内生产总值）二氧化碳排放强度较 2005 年下降 40%～45%；2015 年巴黎气候变化大会上，中国政府提出了 2030 年左右碳排放达峰值并争取尽早实现，2030 年单位 GDP 碳排放比 2005 年下降 60%～65%，2030 年非化石能源占比 20% 左右等一系列目标；同时，在国家"十三五"规划中提出，2020 年非化石能源占一次能源消费比重达到 15%，单位 GDP 能源消耗降低 15%，单位 GDP 二氧化碳排放强度降低 18%。既要兑现约束性的碳减排承诺，又要保持社会经济的平稳发展，进一步突显碳减排研究的重要性与迫切性。

　　我国要实现绿色低碳发展及碳排放达峰值的承诺，需要各区域的共同努力。湖南省作为我国中部大省，应当在碳减排中发挥自己的积极示范作用。2007 年长株潭"两型社会"建设综合配套改革试验区的批复标志着湖南省进入"绿色湖南"及"两型社会"建设的重点阶段，为完成绿色低碳增长及碳排放达峰值目标，国家和地区层面都制定了具体规划。国务院发布的《"十三五"控制温室气体排放工作方案》提出对区域碳排放将实施分类指导的碳排放强度控制措施，综合考虑各省（区、市）发展阶段、资源禀赋、战略定位、生态环保等因素，分类确定省级碳排放控制目标，其中湖南省在"十三五"期间的控制目标是碳排放强度下降 18%。湖南省在

《"十三五"节能规划》中亦明确提出到 2020 年全省能源消费年均增速不高于 2.9%，能源消费总量控制在 17 850 万吨标准煤以内，单位 GDP 能耗在 2015 年基础上降低 16% 等一系列减排目标。然而，要实现绿色低碳发展及碳减排目标，需明晰目前湖南省碳排放的状况、碳排放主要来源于什么方面、碳排放的主要影响因素有哪些、各个影响因素的贡献率怎样、不同市州间各影响因素对碳排放影响的空间差异、不同减排路径的预期效果怎样等一系列问题。目前，关于湖南省碳排放影响因素及减排路径的实证研究较少，影响了碳减排工作的针对性和有效性。因此，本书从湖南省省域层面及 14 个市州层面进行双重分析，以转变经济发展方式建设绿色低碳湖南为视角，探讨湖南省碳排放影响因素及减排路径，为湖南省系统推进绿色低碳发展，尽早实现碳排放达峰值目标，推行各项碳减排政策措施提供理论基础及定量决策依据。

本书为湖南省哲学社科基金课题"绿色发展背景下湖南省碳排放及其影响因素的实证研究"（13YBA01）的研究成果，以可持续发展理论、生态经济学理论等相关理论为基础，采用定性分析与定量研究相结合的方法，在我国倡导绿色低碳发展的大背景下对湖南省碳排放及其影响因素进行动态实证研究。

本书的基本思路：首先，测算湖南省的碳排放水平并分析碳排放时空差异的动态演化，明确湖南省碳排放的现状及特征；其次，对湖南省总体碳排放的影响因素进行实证分析，为了从微观层面具体细化各个影响因素的空间差异性，依据前述实证分析结果采用空间计量方法分析 14 个市州碳排放的影响因素；最后，根据前三部分实证研究结果提出碳减排政策建议。

本书在写作过程中，参阅了大量的国内外文献、教材与著作，特别是在研究方法和基本原理方面参阅了保罗·埃尔霍斯特编著的《空间计量经济学——从横截面数据到空间面板》，高铁梅编著的《计量经济分析方法与建模》等，在此一并表示最诚挚的感谢。

卢瑜

2021 年 1 月

目录

1 导论

1.1 研究背景和意义

随着人口持续膨胀、经济规模快速扩张，全球气候不断变暖，能源的大量消耗带来的环境恶化问题逐渐受到了人们的关注和重视。1988 年联合国首次通过了一项保护全球气候的协议，1992 年通过了《联合国气候变化框架公约》，2007 年通过的"巴厘路线图"中提出了发达国家的减排指标，2009 年哥本哈根世界气候大会谈判制定了发达国家和发展中国家共同遵守的全新体制，2015 年巴黎气候变化大会通过《巴黎协定》，各方将以"自主贡献"的方式参与应对全球气候变化行动，自上而下"摊牌式"的强制减排已被自下而上的"国家自主贡献"取代。

经历了 40 多年的高速增长后，我国经济建设取得了举世瞩目的成就，但同时能源短缺及出现的环境问题，严重制约了我国经济社会、生态环境的协调及可持续发展。当前，我国经济步入减速换挡的新常态时期，面临城镇化、工业化、农业现代化、转变经济结构及增长方式、可持续发展、生态文明建设等多重目标的约束，作为全球最大的碳排放国，减排压力越来越大。2014 年我国在《中美气候变化联合声明》中宣布计划在 2030 年左右达到二氧化碳排放峰值，明确了应对气候变化低碳发展的战略方向，也给节能减排提出了新的挑战。我国已在"十三五"规划中纳入强制性碳排放总量控制目标，以保障碳排放峰值目标的实现，倒逼经济转型，从根本上解决环境问题。为加快推进绿色低碳发展，确保完成"十三五"规划纲要确定的低碳发展目标任务，推动我国二氧化碳排放 2030 年左右达到峰值并争取尽早达峰，2016 年国务院发布了《"十三五"控制温室气体排放工作方案》，该方案明确我国将实施分类指导的碳排放强度控制措施，综合考虑各省（区、市）发展阶段、资源禀赋、战略定位、生态环保等因素，分类确定省级碳排放控制目标，同时提出于2017年启动全国碳市场，并注重相关法律法规的完善和相关制度的创新。

湖南省作为中部大省，应当在碳减排中发挥自己的积极示范作用。2007年长株潭"两型社会"建设综合配套改革试验区的批复标志着湖南省进入"绿色湖南"及"两型社会"建设的重点阶段，为实现绿色低碳增长及碳排放达峰目标，国家和地区层面都制定了具体规划。《"十三五"控制温室气体排放工作方案》确定湖南省在"十三五"期间的控制目标是碳排放强度下降18%。湖南省在《"十三五"节能规划》中亦明确提出到2020年全省能源消费年均增速不高于2.9%，能源消费总量控制在17 850万吨标准煤以内，单位GDP能耗在2015年的基础上降低16%等一系列减排目标。

然而，要实现绿色低碳发展及碳减排目标，需明确目前湖南省碳排放的状况、碳排放主要来源于什么方面、碳排放的主要影响因素有哪些、各个影响因素的贡献率怎样、不同市州间各影响因素对碳排放影响的空间差异、不同减排路径的预期效果怎样等一系列问题。目前，关于湖南省碳排放影响因素及减排路径的实证研究较少，影响了碳减排工作的针对性和有效性。因此，本书从湖南省省域层面及14个市州层面进行双重分析，以转变经济发展方式建设绿色低碳湖南为视角，探讨湖南省碳排放影响因素及减排路径，为湖南省系统推进绿色低碳发展，尽早实现碳排放达峰目标，推行各项碳减排政策措施提供理论基础及定量决策依据。

1.2　概念界定及研究范围

1.2.1　相关概念界定

1.2.1.1　碳排放

碳排放（carbon emission）指的是二氧化碳和其他温室气体的排放，包括某个区域、某个群体或者某个生物体的温室气体排放量。依据碳源不同，碳排放可分为两种类型：可再生碳排放和不可再生碳排放。可再生碳排放是指可再生能源的碳排放，包括在地球表面的各种生命体正常的碳循环及消耗可再生能源的碳排放；不可再生碳排放是指不可再生能源的碳排放，是指由于人类活动需要开发利用地下矿物能源产生的碳排放，主要是指化石能源的碳排放。相较于可再生碳排放，不可再生碳排放温室效应更大，对环境的影响也更严重，因此，不可再生碳排放是学者们研究碳排放的重点方向。

1.2.1.2 碳排放总量

碳排放总量是对某一时段某一区域进行碳排放量计算，反映碳排放总体效应。按区域尺度的不同，碳排放总量具体分为区域碳排放总量、国家碳排放总量和地方碳排放总量。

1.2.1.3 人均碳排放

人均碳排放是指一国或地区的碳排放总量除以其人口数量得出的碳排放均值，反映碳排放人均效应。人均碳排放的大小体现了居民能源消费水平的高低。按照人均碳排放权公平原则制订减排计划，为人口规模庞大的发展中国家提供了发展契机，同时也体现了全球碳排放的人际公平性。

1.2.1.4 碳排放强度

碳排放强度是以 GDP 为单元计算碳排放量，也就是单位 GDP 的碳排放量，反映碳排放效率。

1.2.2 研究范围

碳排放指的是二氧化碳和其他温室气体的排放。全球温室气体中二氧化碳的比重达60%且对气候变暖影响最大，因此，本书的碳排放仅研究二氧化碳排放，不包括其他温室气体排放。由于不可再生碳排放是由人类活动引起的，其温室效应更大，对环境恶化影响更大，本书主要选取不可再生碳排放进行研究，不包括可再生碳排放。本书选取了湖南省及其 14 个市州作为研究区域，从省级及市级两个层面交叉研究湖南省碳排放的现状、趋势、影响因素及碳减排路径。

1.3　研究内容及结构

本书的主要内容及结构如下：

第 1 章，导论。本章系统阐述本书的研究背景及意义、研究问题的提出和研究目标的设计、研究范围及概念界定、技术路线、研究方法、研究内容及结构以及本书的创新及不足。

第 2 章，理论基础与文献述评。本章对可持续发展、生态经济、能源经济等相关理论进行系统梳理，为本书的研究提供理论支撑；对碳排放影响因素及碳减排的相关文献进行述评，为本书的研究提供基础资料。

第 3 章，湖南省碳排放现状及时空演变态势。为反映湖南省碳排放的总体效应、人均效应和效率效应，本章选取碳排放总量、人均碳排放及碳排放强度三个指标对湖南省域层面及 14 个市州层面的碳排放水平进行测度，随后采用描述统计深入分析湖南省碳排放现状。

第 4 章，湖南省碳排放影响因素的因子分析。本章采用因子分析法，从繁杂变量中发现关键变量，结合理论分析，通过运用因子分析法提取公共因子揭示了影响湖南省碳排放的主要因素。

第 5 章，湖南省碳排放及其影响因素的动态实证分析。本章基于时间序列数据构建扩展的 STRIPAT 模型，采用协整检验技术对湖南省碳排放及其诸多影响因素之间的关系进行实证研究，以检验和测度湖南省碳排放及其诸多影响因素之间是否存在协整关系，以期得出两者之间相互作用的路径及机理。

第 6 章，湖南省碳排放时空差异及其影响因素分析。本章根据第 3 章到第 5 章的实证研究结果，采用 ESDA 等空间统计方法分析 14 个市州碳排放时空差异的动态演化趋势，并在此基础上分析其空间异质性和空间相关性，最后结合纳入空间效应的空间计量模型分析揭示不同市州碳排放空间差异的影响因素，为各市州因地制宜地制定差异化的碳减排政策提供参考和依据。

第 7 章，结论、启示及展望。本章总结研究结论，并据此提出符合湖南省省情的碳减排政策建议，同时提出值得进一步研究的问题。

1.4　技术路线和研究方法

1.4.1　技术路线

选取湖南省及 14 个市州作为研究对象，首先测算湖南省的碳排放水平并分析碳排放时空差异的动态演化，明确湖南省碳排放的现状及特征；其次对湖南省总体碳排放的影响因素进行实证分析，且为从微观层面具体细化各个影响因素的空间差异性，依据前述实证分析结果采用空间地理回归分析 14 个市州碳排放的影响因素。最后根据前三部分实证研究结果设计提出碳减排的政策建议（具体技术路线如图 1-1 所示）。

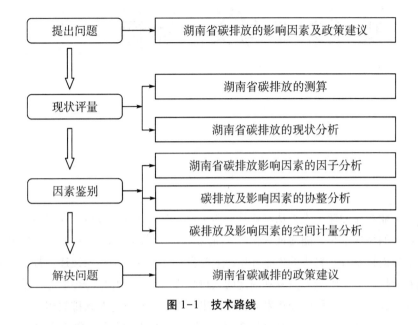

图 1-1 技术路线

1.4.2 研究方法

本书主要采用了以下几种研究方法：

（1）文献研究法。本书通过对国内外关于碳排放研究文献的系统梳理确定了科学研究的角度。

（2）比较分析法。本书通过比较国内外主要研究方法，选取了最适合湖南省碳排放研究的实证模型和计量分析方法。

（3）定量分析法。本书采用空间计量分析等方法分析了湖南省碳排放的空间异质性及其动态演变特征；采用协整检验、方差分析等时间序列分析方法分析了湖南省碳排放（总量和人均量）的影响因素；采用多元回归方法和情景预测方法科学预测了湖南省碳排放趋势并测算达峰时间和达峰值；采用空间计量模型（SAR、SEM 等）分析了 14 个市州碳排放的影响因素，并揭示了各影响因素在不同市州的空间差异性。

2 理论基础与文献述评

工业革命加速了人类从农业社会向工业社会的转变，战后工业化国家迎来了经济的快速增长，随之而来的"高消费"的"黄金时代"带来了与日俱增的资源消耗及日益恶化的生态环境，人与自然之间的平衡关系被逐步打破。人类开始探讨关系到全人类发展前途的人口、资源、粮食和生态环境等一系列根本性问题，并对当前的经济发展模式提出了质疑。本章将对碳排放相关理论及国内外文献进行综述，为本书第 3~5 章的湖南省碳排放实证研究提供理论依据和文献支撑。

2.1 理论基础

工业化进程的加快带了社会经济的快速发展，使资源消耗持续增长。全球气候变暖、空气质量恶化等一系列生态环境问题凸显。为解决这些问题，人类开始寻求资源、环境及社会经济协调发展的新模式、新途径。学术界也诞生了大批人与自然协调发展的相关理论，包括可持续发展理论、低碳经济理论、能源—环境—经济系统理论以及环境库兹涅茨曲线理论等。本节将对这些理论进行阐释，为后续研究提供坚实的理论基础。

2.1.1 可持续发展理论

1972 年，罗马俱乐部发表的《增长的极限》一文首次提出"合理的持续增长与均衡发展"理念。1981 年，美国著名学者莱斯特·R. 布朗在《建立一个可持续发展的社会》一书中首次提出可持续发展的概念。1987 年，联合国在《我们共同的未来》中将可持续发展定义为："在能够满足当代人需要的基础上，不会对后代人发展构成威胁。"此后，该名词逐渐成为世界上各界学者的关注重点，学者们从不同角度阐释了可持续发展理论。可持续发展概念的核心是"可持续"和"发展"。可持续是指当生态环境受到干扰以至破坏时，能够自行恢复，资源的可持续利用以及生态环境的可持续性都是人类社会平稳健康发展的重要基础；发展是指人与自然能够和谐共存，共同发展。

可持续发展包括了生态环境、经济社会和科学技术三个方面的可持续发展，并把生态环境保护作为发展过程中的重要组成部分，生态、环境、资源和发展是相辅相成的，共同构成了一个有机整体。可持续发展的目的是在保护生态环境和资源承载能力的情况下，使经济利益得到最大程度的发展，既满足当代人的发展需求，又兼顾后代人的利益。

温室气体排放导致全球变暖、海平面上升、极端气候频现的后果，给人类社会经济发展造成极大危害。减少碳排放、抑制全球气候变暖成为人类共同关注的焦点问题。减少碳排放、发展低碳经济是实现经济与环境可持续发展的有效途径。可持续发展理论认为发展需要依赖更高效、更清洁、更低碳的技术，尽可能地保护生态环境和减少自然资源的消耗，可持续发展理论为碳排放研究提供了重要的理论基础。

2.1.2 低碳经济理论

温室气体排放引致的全球气候变暖问题的加剧，同时受可持续发展理念的影响，发展低碳经济成为全球共识，低碳经济理论应运而生。2003 年，英国能源白皮书《我们能源的未来：创建低碳经济》首次提出了"低碳经济"的概念，和三低三高（"低排放、低污染、低能耗""高效能、高效率、高效益)的经济增长模式，引起了各国政府及学者们的高度关注。

低碳经济是指在保持经济持续增长的情况下，尽可能地减少二氧化碳等温室气体的排放，最终实现经济发展和生态环境保护的"双赢"局面。实现经济发展模式由传统的"高能耗、高排放"向"低能耗、低排放"的转型是发展低碳经济的实质。发展低碳经济不仅仅是改变经济发展模式，也包括改变生活方式和价值观念；发展低碳经济需要坚持低碳技术创新，开发与利用新型能源是发展低碳经济的重要举措；发展低碳经济，就要逐步改变当前的能源消费结构，提高低碳能源占能源消费总量的比重。

2.1.3 能源—环境—经济系统理论

随着社会经济发展能源消费不断增长，人类在享受经济增长红利的同时，也承受着日益严重的环境污染带来的伤害。人们逐渐认识到环境保护的重要性，开始思考如何有效地使用能源，以实现经济的可持续发展和人类生存环境的不断改善。

最初，各国学者利用经济学理论方法分别研究能源、环境问题，逐渐形成了以能源—经济、经济—环境二元系统为对象的研究体系，并形成了两门交叉学科——能源经济学、环境经济学。

然而能源、经济、环境在发展进程中存在千丝万缕的联系。经济发展离不开能源的利用，充足的能源为经济发展提供原始动力。但伴随着能源的过度使用，环境恶化问题不断加剧，当能源使用超过一定界限时，经济发展将失去能源这一强大引擎。与此同时，经济发展也需要良好的生存发展环境，一旦能源超负荷，生态将受到破坏，从而威胁人类的可持续发展。三者之间相互影响、相互牵制，能源—经济和经济—环境二元研究体系很难支撑更加全面、深入、系统的研究工作。

因此，自 1980 年起，国际上许多能源机构和环保机构开始展开合作，构建能源—环境—经济（3E）三元系统的研究框架，并开始对其综合平衡和协调发展的问题进行研究。学者们逐渐转向以经济、能源、环境为主题的三元研究体系，将影响因素纳入大型系统。各个子系统有其各自的发展目标与方式，但不同系统之间仍存在共同目标，或者整体目标需要各个子系统合力完成。

能源—环境—经济系统理论的主要目标是实现能源、环境和经济的协调，包括系统功能协调、结构协调和机制协调，从状态、过程和机制三个角度研究，实现有效协调，提高效率。这不仅要处理能源子系统、环境子系统和经济子系统三者之间的内部矛盾，即经济增长依赖于能源开发，能源过度开发影响着环境，环境的承载力制约着经济增长，还需构建以 3E 系统整体的和谐统一为发展目标的、各个子系统的内部要素之间达到最佳平衡的模式。

2.1.4　环境经济学理论

工业革命使生产能力得到大幅提升，但随之而来的是资源的过度消耗和污染物的大量排放。当对资源的攫取大于资源环境自身的修复能力，生产生活带来的污染物排放大于生态环境自我净化能力时，资源的枯竭和环境的破坏将不可避免。随着对经济和环境关系认识的不断加深，环境经济学作为经济学与环境科学的交叉学科快速发展起来。该学科主要探讨环境资源的可持续利用和环境保护的经济手段，实现环境与经济的协调发展，为环境保护政策的制定和环境管理提供一定的理论支持。

1991 年美国经济学家 Grossman 和 Krueger 针对北美自由贸易区谈判中，美国人担心自由贸易会恶化墨西哥环境并影响美国本土环境的问题，首次对环境质量与人均收入之间的关系进行实证研究，指出了污染与人均收入间的关系为"污染在低收入水平上随人均 GDP 增加而上升，在高收入水平上随人均 GDP 增长而下降"。1992 年世界银行发布的《世界发展报告》以"发展与环境"为主题，扩大了环境质量与收入关系研究的影响。1993 年 Panayotou 运用库兹涅茨界定的人均收入与收入不均等之间的倒"U"形曲线，首次将这种环境质量与人均收入间的关系定义为环境库兹涅茨曲线（EKC）。EKC 揭示出环境污染与经济水平提升呈现倒"U"形走势（如图 2-1 所示）。

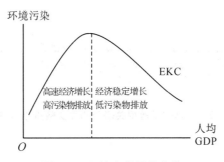

图 2-1 环境库兹涅茨曲线

环境库兹涅茨曲线提出后，环境质量与收入间关系的理论探讨不断深入，如规模效应、技术效应和结构效应、环境质量需求、环境规制问题、市场机制、减污投资等方面的研究。研究发现：通过完善相关条例政策以及推行技术创新等手段，能在一定程度上减少峰值时间，缩短达峰时间，但不能改变整体倒"U"形变化趋势。在 EKC 的基础上对湖南省碳排放问题进行探究，有助于早日实现湖南省碳排放达峰。环境经济学既为开展碳排放研究提供了相应的理论基础，也为地区碳减排工作提供了非常有效的分析工具。

2.2 文献述评

严峻的环境问题使各国联合应对全球气候变化的意识日益加强，学术界大量学者对碳排放相关问题展开研究，在中国知网以碳排放为关键词进行检索，总共搜索到文献14 358篇。从发文的总体趋势来看，碳排放相关研究在 2008 年后快速增长，研究热度自 2016 年后有所下降。从发文结构来看，研究主题主要为碳排放量、碳减排、影响因素等方面（如图 2-2 至图 2-4 所示）。本节将从碳排放的测算、碳排放影响因素分解、碳排放峰值预测以及碳减排路径四个领域进行相关文献综述。

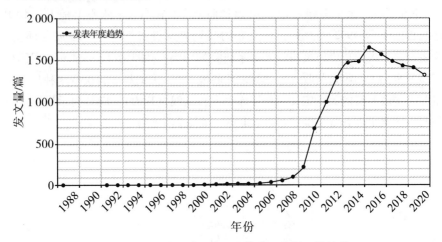

图 2-2 知网碳排放相关研究的发文数量总体趋势

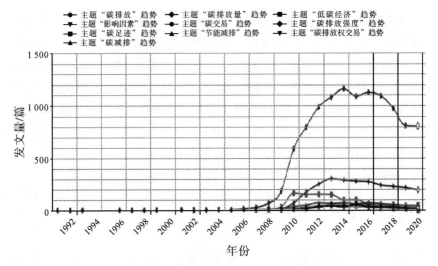

图 2-3 知网碳排放相关主题的发文数量总体趋势

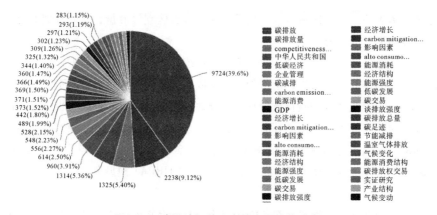

图 2-4　碳排放相关文章的主题结构分布

2.2.1　碳排放测算文献述评

碳排放量指的是二氧化碳和其他温室气体的排放量，碳排放总量是指某地区在特定时间周期内碳排放量的总和。目前国际上并没有官方权威机构给出一个国家或地区的碳排放量的相关数据。碳排放量数据主要由各国学者根据一定的方法测算出来，如何测算一个国家或地区的碳排放量已经成为经济学界研究的热点问题，并取得了大量的研究成果。

对区域的碳排放量测算主要有以下几种方法：实测法、物料平衡法、排放因子法、模型法、生命周期法等。其中，对化石能源产生碳排放量的估算最常用的是物料平衡法与模型法。学者们根据某个国家或城市的特征以及数据的可获得性选取适宜的测算方法。

碳排放量实测法通过借助专业设备到碳排放源的现场记录与碳排放量相关的诸指标，然后根据多项指标间接计算碳排放量。这种方法得到的碳排放数据较准确，但由于碳排放源分布较广，测算技术及硬件要求高，获取数据成本高，数据获取较困难。张震等（2017）在碳排放量测算模型构建过程中选择实测法测算非耗能部分的碳排放量，对于砖厂碳排放量的测算选择实测法；Ge H，Hao X 和 Wei G 等（2018）利用遥感技术测量城市地区的碳排放量，实验结果反映主动遥感有利于测算城市地区的碳排放量。

物料平衡法的理论基础为能量守恒定律，是常用于生活与生产过程中测量各种物料的使用情况的一种定量分析方法。这种方法是根据每年每台设备所消耗的新化学物质数量来测算碳排放量的一种方法，不仅可反映每台设备的碳排放量，而且还可知道不同设备之间碳排放量的差异。王安静等（2017）使用能源平衡表并基于多区域投入产出模型测算各省区碳排放量，在此基础上对省区碳转移进行测算分析。

模型法是建立一个模拟研究对象生态系统的生物地球化学模型，对二氧化碳等气体的排放进行核算，适用于对国家或地区的碳排放量测算。不同的模型测算同一国家或地区的碳排放量存在差异性，不同的条件参数设置也会导致同一模型对同一国家或地区测算其碳排放量的差异。模型需要不断探索其参数的变动范围，找出适合测算一个国家或地区的碳排放量的最优模型。Yong W，Guangchun Y 和 Ying D（2018）等基于扩展的 STIRPAT 模型测算中国家庭碳排放量。

生命周期法主要通过原料与能源的投入与废弃物的产出来评价其对环境的影响，需要追踪投入产出的整个过程，如果对某个投入产出环节考虑不全，易产生误差。

联合国政府间气候变化专门委员会（IPCC）提出的排放因子法（碳排放系数法）是在国际上比较普遍使用的碳排放量测算方法，国内大量研究普遍使用该方法，如曹洪刚等（2015）运用 IPCC 碳排放系数法测算中国 2000—2011 年的省际碳排放，并进行区域差异分析。宋杰鲲等（2016）基于 IPCC 碳排放系数法并借助贸易转移系数矩阵测算生产者责任碳排放量。韩元军等（2016）将旅游能源消费量剥离出来，通过转换系数测算京津冀旅游业总的碳排放量。谢守红等（2016）基于 IPCC 碳排放系数法，并根据 1981—2013 年中国的煤炭、原油、汽油、柴油、燃料油、液化石油气和天然气等八种资源测算中国交通运输业的碳排放量。张震（2017）运用碳排放系数法测算常规能源消耗产生的碳排放量。

IPCC 假定能源的碳排放系数不变。排放因子法基于各种能源的碳排放因子，将每一种碳排放源的消耗量与其碳排放因子相乘来计算该碳排放源的总碳排放量，然后将一个地区所有碳排放源的碳排放量加总就可得到该地区的总碳排放量。该方法的数据主要来自国家统计资料，涉及能源消费量的清点和排放因子的确定，通常用于二氧化碳的近似排放测算。

还有大量学者综合运用了多种测算方法，如张艳芳等（2016）应用 IPCC清单法和投入产出模型，测算陕西省居民消费直接和间接碳排放量并进行结构分解。陈彬等（2017）基于碳排放量测算的清单分析法、投入产出法以及生态网络分析法，运用流量分析模式和结构分析模式建立产业园区碳排放量测算框架，结果表明三种方法具有一定的相似性和差异性。

众多方法中，碳排放系数法在学者研究中应用最为广泛。而在不同学者的研究中碳排放系数也会不同，同时各个机构发布的标准也是千差万别。我国目前关于能源消费碳排放的研究大多以 IPCC 公布的系数为碳排放测算的主要依据。

2.2.2　碳排放影响因素文献述评

为探究日益增加的碳排放量背后的驱动因素，各国学者对碳排放量影响因素展开了广泛深入的研究。20 世纪 80 年代因素分解法逐渐被学术界引入碳排放影响因素的分析过程中，成为近年来发展很快的一种研究方法，并逐渐成为主要研究方向。将碳排放量进行因素分解，能够量化分析每个影响因素对碳排放增长的贡献度，当前主要的因素分解法有结构分解分析（SDA）、指数分解分析（IDA）和生产理论分解分析（PDA）三种。

SDA 方法依据投入产出表对影响因素的不同作用与效应进行分解分析，其涉及的方法主要有投入产出法与两级分解法。SDA 依赖数据的分解分析，对数据的要求较高，应用范围较窄，适合做多行业多部门间的分解比较，无法在不同维度开展时间序列分析。Wang（2007）应用生命周期评估方法和结构分解模型来确定中国住宅消费的碳排放量变化的影响因素。

IDA 适合做时间序列分析，能够对一段连续时间内的能源强度、碳排放强度、人口经济等多因素的影响进行分析，出色的时序分析能力使它成为国家能源和环境政策相关课题的重要研究工具，并得到广泛应用。而且无法分解生产技术变化的贡献度，主要包括 Laspeyres 分解和 Divisia 分解，其中对数平均迪氏指数分解方法（LMDI）由于可以消除残差时间独立性得到了广泛的应用，如宋杰鲲（2013）对 LMDI 模型、Shapley 值模型以及 MRCI 模型进行扩展，在此基础上应用此三种模型实证分析青岛能源消费碳排放量。

PDA 基于生产效率理论，在传统的分解恒等式中嵌入谢泼德距离函数，将技术效率引入到分解恒等式中，且数据要求较低，只需要汇总面板数据，涵盖若干分解模型，相关研究见 Pasurka（2003）、Wang（2007）、Zhou P 等（2008）等。

此外还有大量学者基于 Kaya 恒等式、IPAT 方程和 STIRPAT 方程对碳排放进行因素分解，相关研究见 Kaya（1989）、Ehrlich（1971）、Ottavianotal（2002）、黄蕊等（2016）等。还有一部分学者引入协整分析以及空间计量方法来分析碳排放的影响因素，如朱智洺、沈天苗和何冰雁（2015）采用协整检验和方差分解等方法基于 1982—2011 年的数据对碳排放、对外贸易、金融发展、能源消耗、经济增长等主要影响因素之间的关系进行实证研究。胡艳兴、潘竟虎和王怡睿（2015）基于1997—2012年中国各省的面板数据，结合重心转移、ESDA及GWR等模型和方法分析省域能源消费碳排放量的空间相关性、异质性及影响因素。而张德钢等（2017）则应用QAP技术对影响碳排放量空间关联的因素进行探究。

现阶段，关于碳排放的研究内容主要有碳排放因素分解，选取的因素有人口、经济发展水平以及能源、产业结构等，因素少则三五个，多则七八个，采用的模型较为多样，如IPAT模型、LMDI模型等。

国内外学者的现有研究对探讨碳排放的影响因素具有一定的启发意义。但是也存在一定的局限性。具体表现在以下几个方面：①目前对碳排放影响因素的研究主要集中在人口规模、经济发展水平、能源强度、单位能耗碳排放量等方面，而从能源消费结构、产业结构、城镇化水平、国际贸易分工等角度探讨碳排放的影响因素的研究却较少。②现有对碳排放影响因素的研究大多是从总量角度来进行分析，而对人均碳排放影响因素的探讨则较少。③当前有关碳排放影响因素的研究绝大多数是针对某一些国家或某一个国家，针对某个国家内部或一个小区域的碳排放研究较少。我国省域间经济发展、资源禀赋和人口等方面差异较大，只有深入研究各地碳排放情况，才能有针对性地提出与该地区相适应的碳减排政策和措施。

2.2.3 碳排放峰值预测文献述评

目前针对碳排放的预测问题，建模分析成为研究的主流，通过构建碳排放及其影响因素之间的模型来进行预测分析，因此排放量预测的准确度与否与选取的影响因素有关。部分学者采用单一模型预测，近年来大量学者为获得更加有效的分析结果采用组合模型预测。

经典的模型有灰色预测模型、IPTA模型和在此基础上发展起来STIRPAT模型及扩展的STIRPAT模型等。渠慎宁等（2010）利用STIRPAT模型对中国碳排放峰值进行相关预测。杜强等（2012）以2002—2010年碳排放数据为基础，引入表征产业结构变化和科技进步的变量，采用改进IPAT模型，对2010—2050年中国碳排放进行了预测。Wang等（2016）整理中国1953—2013年的化石能源的碳排放数据后，运用灰色模型、非线性灰色多变量模型和改进的非线性灰色多变量模型预测中国2020年的碳排放，结果表明非线性灰色多变量模型具有最高的准确性。

除经典模型外，大量学者引入GP、DDEPM和EMD等各类新型模型和方法对碳排放进行预测分析。如赵息等（2013）构建离散二阶差分方程预测模型，基于 1980—2009 年的碳排放数据，计算中国 2020 年的碳排放量。Hossain MS（2011）以巴西 2002—2007 年数据为基础，运用 GP 模型预测了巴西的碳排放，其平均绝对百分误差达到 2.46%。Ullash 等（2010）引入 TIMES G5 模型预测中国到 2030 年的 CO_2 排放量达到 6 194 吨。朱永彬、王铮等（2009）通过改进 Moon-Sonn 模型获得未来经济平稳增长路径下的碳排放量，预测碳排放高峰将在 2040 年达到。张国兴等（2015）应用经验模态分解（empirical mode decomposition，EMD）方法对我国碳排放增长率进行预测，发现我国碳排放增长率趋势项表现为一种长期内生趋势。

此外，系统动力学模型（system dynamics，SD）已被逐渐引入对碳排放的研究中。SD 模型经常用于大型系统模拟，是系统科学与计算机科技紧密结合的一种工程技术研究方法，现国内部分学者基于系统动力学建模对北京、重庆、长江三角洲以及上海等地的碳排放情况进行分析。还有一些模型立足于工程技术，基于对节能技术充分的了解和仿真，继而在使用不同技术的背景下进行来自能源消费的碳排放预测和分析。这类模型中最常用的是 MARKAL 和 LEAP。周伟等（2010）运用 MARKAL-MACRO 能源系统模型对中国 2010—2050 年的能源消费产生的二氧化碳进行模拟。LEAP 模型的优点是能够从底层开始考虑影响因素，涵盖面较广，不足之处是含有较多的主观判断因素。近年来以国家能源建模系统（NEMS）为代表的综合模型应运而生，该模型兼具自顶而下与自底而上模型的优点，能够通过系统仿真来对各部门的相关参数进行预测。

近年来，结合智能算法的各种新型碳排放预测模型应运而生。Behrang M（2011）使用人工神经网络（ANN）预测全球二氧化碳排放量，但没有克服神经网络的缺点，比如过早和过度拟合。戴东轩（2014）运用支持向量机模型分析了制造业及各部门碳排放总量和年增长速度，预测一段经济较为平稳的时间段内的碳排放量。赵浩然（2017）使用鲸鱼优化算法 WOA-LSSVM 模型预测碳排放量。程乐棋等（2018）利用遗传小波神经网络进一步提高了模型的预测精度。此外还有许多其他优化算法，如 Li 等（2012，2017）提出的果蝇优化（FOA）和遗传算法（GA），Sulaiman 等（2012）运用的人工蜂群算法（ABC）。

碳排放预测是一个极具代表性的时间序列问题，往往具有复杂性和非线性的特点，单一模型无法获得满意的预测结果。因此，近年来越来越多的学者尝试建立混合模型来处理这个问题。组合模型能够考虑到碳排放量预测的众多复杂因素，通过将几种不同的模型组合在一起，可以克服单个模型的漏洞，同时发挥多个模型的优点，获得更为准确的预测结果。孙薇和张骁（2017）进行了中国碳排放量预测模型的研究，组合使用 STIRPAT 模型和优化算法，在选取影响因素的基础上，应用量子粒子群改进最小二乘向量机进行预测。与上述研究思路相近，纪广月（2014）组合使用灰色关联分析法和 BP 神经网络模型，提高了碳排放的预测效果。肖枝洪等（2016）以碳排放特点为依据，采用组合的 ARIMA-BP 模型对中国碳排放量进行预测，验证了其优良性。张发明等（2016）结合系统聚类和 BP 神经网络融合模型对世界碳排放进行预测，其相对误差和绝对误差较低。

通过以上四个方面的文献综述，可以发现目前关于碳排放领域的研究日趋完善，尤其是峰值预测的研究内容不断创新。碳排放量预测采用灰色预测模型等建模分析法，基于全国、地区、省市级数据甚至是行业产业数据进行预测，预测时间范围从 2030 年到 2050 年不等，但考虑空间效应兼顾省级和地市级两个层面的研究较为缺乏。

2.2.4 碳减排路径文献述评

发展绿色低碳经济是生态文明建设的重要途径，国内外众多学者对碳减排途径进行了深入探究。近年来最常用的方法是构建模型进行碳减排路径的情景模拟分析。曾军（2019）运用系统动力学方法，在新旧动能转换背景下，以煤炭产业碳排放为研究对象，构建了山东省煤炭产业碳减排路径仿真模型，设置了规模调控下的基准情景、以能源结构调整为主导路径和以技术进步为主导路径三类情景，进行了山东省煤炭产业碳减排路径仿真预测。结果显示技术进步、能源结构调整等"多管齐下"是实现减排目标的合理途径。马小明（2018）利用 LEAP 模型设置了四种情景，分析了电力部门中长期的碳减排路径规划，并从减排量和减排成本等角度对各减排路径进行综合评价。解品磊（2018）采用 LEAP 模型分基准情景、节能情景、节能—低碳情景和低碳情景进行对比预测，模拟工业 GDP 变化、各行业增加值占工业增加值比重变化、各行业能源强度变化、各行业各能源比重变化等带来的能源消费及碳排放量的变化，对吉林省工业部门碳减排路径的选择进行模拟分析。任松彦等（2016）通过动态 CGE 研究模型量化分析行业内的减排政策和措施，并对广东省工业行业碳排放进行预测。樊星等（2013）设置不同发展情境构建中国能源 CGE 模型，着重分析中国多个能源政策对碳排放变化的影响，模拟分析碳排放量的变化。

当前有关碳减排路径的研究绝大多数是针对某些国家或地区，然而省域间、地市间经济发展、资源禀赋和人口等方面差异较大，只有深入研究各地碳减排情况，才能有针对性地制定与该地区相适应的碳减排政策和措施。

3 湖南省碳排放现状 及时空演变态势

湖南省位于中国中部、长江中游，地处东经 108°47′~114°15′、北纬 24°38′~30°08′，总面积 21.18 万平方千米，占我国国土面积的 2.2%，居全国 各省（区、市）第 10 位、中部第 1 位。截至 2019 年 12 月 31 日，全省辖长 沙、株洲、湘潭、常德、益阳、娄底、邵阳、衡阳、岳阳、永州、怀化、郴 州、张家界和吉首 14 个市州。自 2007 年长株潭"两型社会"建设综合配套改 革试验区获批以来，湖南省开启了绿色低碳可持续发展之路。然而，实现绿色 低碳发展迫切需要明晰湖南省碳排放的现状、趋势及其影响因素，以便有针对 性地制定与省情相适应的碳减排政策及发展绿色低碳经济的措施。本章借助 IPCC 提供的碳排放估算方法，测算并分析湖南省 1996—2018 年的碳排放总 量，分析湖南省碳排放的现状及变动趋势。

3.1 湖南省经济社会发展现状

3.1.1 经济实力及产业结构

3.1.1.1 经济实力

近十年来，在党中央领导下，湖南全省上下大力推进科学发展，经济社会 呈现出良好的发展势头，经济实力迈上新台阶。GDP 总量逐年增长，年均增 速达 12.2%，2018 年地区生产总值达 36 425.78 亿元。湖南省 2008—2018 年 经济总体趋势及人均 GDP 变化如图 3-1 所示。

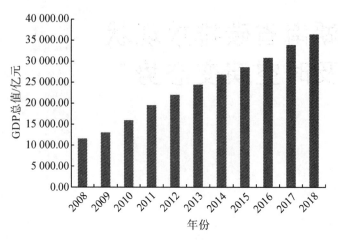

图 3-1　2008—2018 年湖南省经济总体趋势

　　湖南省人均 GDP 也呈现稳步快速提升的状态，2018 年全省人均 GDP 达 52 949元，为 2008 年的 3 倍。具体如图 3-2 所示。

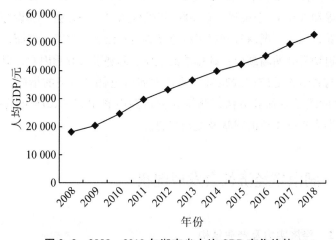

图 3-2　2008—2018 年湖南省人均 GDP 变化趋势

3.1.1.2　产业结构

　　产业结构占比不仅影响经济发展水平亦会影响一个地区的能源消费。以工业为主的第二产业带来的碳排放量相比其他产业最大，第三产业则具备单位 GDP 碳排放少等优势。加快产业结构调整，促使其向低碳化方向发展，是湖南省减少碳排放的有效途径。

　　近十年来，湖南省第一产业占比呈持续下降状态，如图 3-3 所示，随着经济的快速发展，研究期内的第二产业占比呈现倒"U"形发展趋势，在 2012年前后第二产业占比到达 48%的峰值后呈现显著下降趋势，2018 年第二产业占比降至 40%，相较于峰值下降 8%，越来越多的发展红利被第三产业获取，但第二产业仍是湖南省经济发展的主要支柱。湖南省第三产业占比在 2015 年首次超过第二产业，并呈不断上升趋势，2018 年第三产业占比为 52%，相较于 2008 年增加 12%。湖南省产业结构正处于第二产业向第三产业转型的过渡时期，但与北京 81%和上海 69.2%的第三产业占比相比仍存在较大差距。北京、上海的产业发展现已形成以高科技产业和服务业为主的集中发展模式，北京的中关村、金融街以及上海浦东的金融中心和自贸区等产业链的发展对湖南省第三产业的发展具有深刻的借鉴意义。

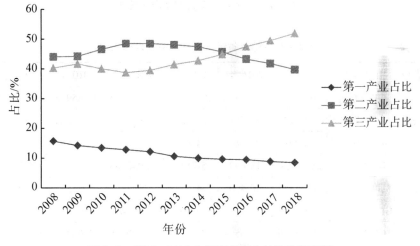

图 3-3　2008—2018 年湖南省产业结构变化趋势

结合图 3-4 中湖南省 2018 年各市州的产业结构来看，14 个市州间仍存在较大差距，邵阳市、湘西州、永州市等西南地区的农业占比仍相对较大，长沙、张家界等地区的第三产业占比最大，区域间产业结构发展不协调。

3.1.1.3　与中部六省比较

与周边中部六省的经济发展水平比较发现：从 GDP 增速来看，湖南省和中部六省其他省份基本持平，经济发展速度均高于全国平均水平；从地区生产总值和人均 GDP 来看，湖南省相比江西、山西和安徽等省份经济发展优势较为明显，但略低于湖北、河南两省，存在一定差距，湖南省仍需在提升经济发展质量的同时提高地区生产总值。湖南省与中部六省经济发展水平及增速比较如表 3-1 所示。

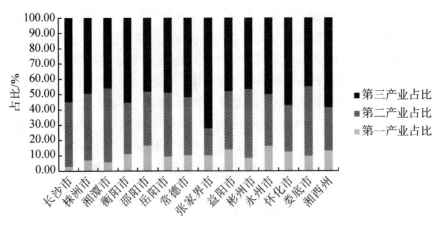

图 3-4　2018 年湖南各市州产业结构

表 3-1　　　　　湖南省与中部六省经济发展水平及增速比较

省份	比较项目	2018 年	2016 年	2014 年	2012 年	2010 年	2008 年
安徽	GDP/亿元	30 006.8	24 407.6	20 848.8	17 212.05	12 359.3	8 851.66
	人均 GDP/元	47 712	39 561	34 425	28 792	20 888	14 448
	GDP 增速/%	11.06	10.92	8.42	12.49	22.82	20.25
江西	GDP/亿元	21 984.8	18 499	15 714.6	12 948.88	9 451.26	6 971.05
	人均 GDP/元	47 434	40 400	34 674	28 800	21 253	15 900
	GDP 增速/%	9.89	10.61	9.05	10.65	23.46	20.19
湖北	GDP/亿元	39 366.6	32 665.4	27 379.2	22 250.45	15 967.6	11 328.92
	人均 GDP/元	66 616	55 665	47 145	38 572	27 906	19 858
	GDP 增速/%	10.96	10.54	10.44	13.34	23.20	21.38
河南	GDP/亿元	48 055.9	40 471.8	34 938.2	29 599.31	23 092.4	18 018.53
	人均 GDP/元	50 152	42 575	37 072	31 499	24 446	19 181
	GDP 增速/%	7.86	9.38	8.53	9.91	18.54	20.02
湖南	GDP/亿元	36 425.8	31 551.4	27 037.3	22 154.23	16 038	11 555
	人均 GDP/元	52 949	46 382	40 271	33 480	24 719	18 147
	GDP 增速/%	7.44	9.17	9.81	12.63	22.81	22.41
山西	GDP/亿元	16 818.1	13 050.4	12 761.5	12 112.83	9 200.86	7 315.4
	人均 GDP/元	45 328	35 532	35 070	33 628	26 283	21 506
	GDP 增速/%	8.31	2.22	0.76	7.79	25.04	21.43

3.1.2 人口规模及城镇化水平

3.1.2.1 人口规模

近十年来，湖南省人口规模稳步增长，截至 2018 年年底，常住人口总量近 6 899 万人。自 2008 年以来，湖南省人口的年平均自然增长率为 6.25%。伴随城镇化快速发展，2018 年湖南省城市人口密度达到 3 174 人/平方千米。见表 3-2。

表 3-2　　　　　　　湖南省人口规模及密度变化趋势

年份	2018	2017	2016	2015	2014	2013	2012	2011	2010	2009	2008
常住人口/万人	6 899	6 860	6 822	6 783	6 737	6 691	6 639	6 596	6 570	6 406	6 380
增长率/%	5.11	6.19	6.56	6.72	6.63	6.54	6.57	6.55	6.4	6.11	5.4
城市人口密度/（人/平方千米）	3 174	3 883	3 523	3 261	3 402	3 317	3 030	2 908	2 992	3 276	3 380

3.1.2.2 城镇化水平

作为传统农业大省，湖南省"十三五"之前城镇化发展一直落后于全国平均水平，进入"十三五"后全省城镇化建设保持高速发展态势，远超全国平均水平。截至 2018 年年末，湖南省城镇化率为 56.02%，高于全国平均水平。见图 3-5。

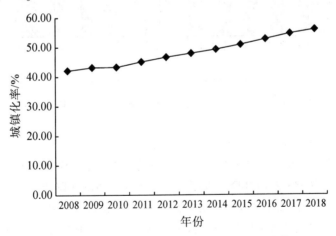

图 3-5　2008—2018 年湖南省城镇化率变化趋势

3.1.3 湖南省能源消费现状

湖南省地处长江中游，属于我国中部内陆地区，伴随着经济的快速发展，能源消费量不断增加，且自身能源禀赋较差，据《中国能源统计年鉴》数据，2018年湖南省所消耗的能源85%以上依靠外省调入和进口，属于典型的能源输入型地区，能源问题制约着经济的可持续发展。

3.1.3.1 能源消费总量

图3-6显示了2008—2018年湖南省的能源消费总量及增速的变动趋势，数据显示湖南省能源消费总量的变动呈现阶段性波动特征。阶段一：2008—2013年，湖南省能源消费量逐年增加，2013年能源消费量增加至近10年的峰值，为17 561.5万吨标准煤，能源消费增速在2010年达到11%的峰值后回落，第一阶段年均增速达7.14%。阶段二：2014—2018年，湖南省能源消费量在2013年达到峰值后下降，随后缓慢增长，2015—2018年年均增速仅为1.94%，明显低于第一阶段，这与湖南省在党的十八大后加快生态文明建设和绿色发展的举措有关。

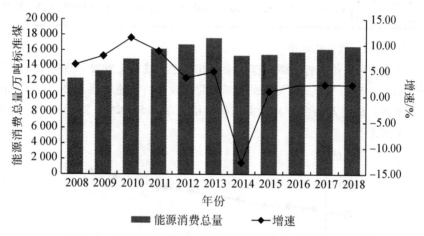

图3-6　2008—2018 湖南省能源消费总量及增速变化趋势

图3-7显示自2008年以来，湖南省单位GDP能耗持续下降，能源使用效率逐年提升，这得益于"两型社会"建设的各项举措，但下降速度呈阶段性波动，其中2008—2010年降速放缓，随后2010—2015年降速出现回升，2015年单位GDP能耗降至0.87吨标准煤/万元，较2008年下降了31%，2016—2018年降速维持在5%左右，到2018年单位GDP能耗降至0.74吨标准煤/万元。

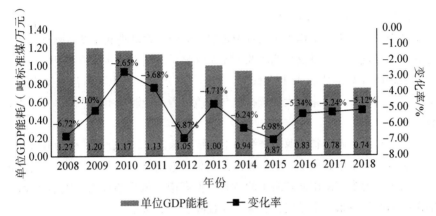

图 3-7　2008—2018 年湖南省单位 GDP 能耗及变化率

图 3-8 中的数据显示能源消费和 GDP 波动呈正相关，湖南省能源消费和经济增长高度相关。能源是经济发展最基础性、最重要的投入之一。经济发展导致的能源消费增长给环境带来较大压力，如何结合能源消费研究湖南省碳减排问题值得科研、企业和政府等相关部门持续关注。当前湖南省第二产业所占比重仍然较大，其中工业尤其是重工业占比较大，此外城镇化的加速发展，对经济发展和能源消费提出了更高的要求，要实现绿色低碳可持续发展，如何处理能源消费与经济增长之间的关系至关重要。

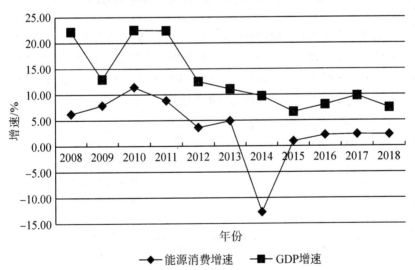

图 3-8　湖南省能源消费增速与 GDP 增速的比较

3.1.3.2 能源消费结构

湖南省能源消费结构十年来较为稳定，能源消费品类涵盖煤品燃料、油品燃料、天然气、电力以及其他能源。图3-9显示，湖南省能源消费以煤品燃料为主，2018年煤品燃料占比达60%，天然气、水电、风电等清洁能源占比较低，仅占约15%，带来巨大的碳排放与环境压力，能源利用效率的提升也受到较大制约。

数据显示，湖南省能源消费结构中传统能源占据较大比例，作为低碳能源的一次电力、水电、风电、核电等占比则处于较低水平。虽然2010年之后国家推出了系列推广使用低碳能源的政策，但湖南省低碳能源的比重不升反降，能源结构调整效果并未显现，能源结构有待进一步优化。

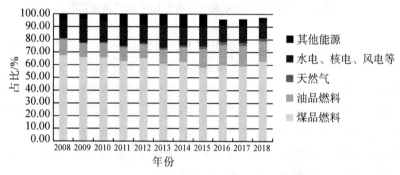

图3-9　2008—2018年湖南省能源消费品种结构

为明晰湖南能源消费的行业结构，从图3-10显示的湖南煤炭类能源的行业消费结构来看，2008年以来，煤炭类能源消费总量中工业所占比重较大，占整个行业的80%左右。湖南省工业增长速度加快，2008年以来工业增加值平均年增长速度达12%，且高耗能行业的比重较大，能源消费量居高不下。

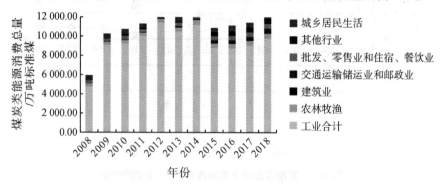

图3-10　2008—2018年湖南省煤炭类能源行业消费结构

图 3-11 显示，工业各行业中，主要煤炭消费行业为制造业，制造业煤炭能源消费量约占工业煤炭消费量的 60%，其次是电力、燃气及水的生产和供应业，占比约为 30%，采矿业仅占 10%。

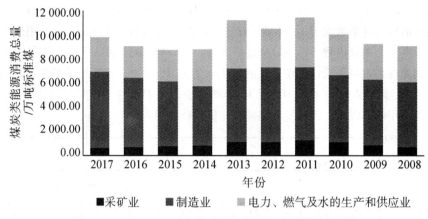

图 3-11　2008—2018 年湖南省工业分行业煤炭消费结构

图 3-12 显示，湖南省近年来主要用能工业企业的单位产品能源消费整体呈阶段性波动特征。其中 2008—2010 年出现较快上升，从 32.61 千克标准煤/吨上升至 51.08 千克标准煤/吨，升幅达 57%。2010 年后持续下降，到 2015 年降至 14.55 千克标准煤/吨，5 年降幅达到 72%，但于 2016 年又呈现反弹势头，没有延续之前的下降趋势。这说明主要用能工业企业还需持续加强能耗管理，降低能耗，提升能源使用效率。

图 3-12　湖南省主要用能工业企业的单位产品能源消费情况

注：由于 2016 年后统计年鉴中未统计该项指标，因此趋势分析到 2016 年。

为反映能源消费和经济增长之间的关系，笔者对2008—2018年的能源消费弹性系数进行了计算。能源消费弹性系数是指一定时期内一个国家或地区能源消费增长速度与国民经济增长速度之比。如果某地区国民经济中高能耗产业或部门所占比重大，科技水平较低，则能源消费增长速度快于GDP增长速度，能源消费弹性系数大于1，伴随科技进步和产业结构不断优化，能源利用效率逐步提高，能源消费弹性系数会逐渐下降。从2008年到2018年，湖南的能源消费弹性系数呈阶段性波动，见图3-13。在这10年中，能源消费弹性系数均小于1，其中2014年小于0，近10年湖南能源消费弹性系数年平均为0.26，能源利用效率较高，但和发达国家相比仍有较大提升空间。

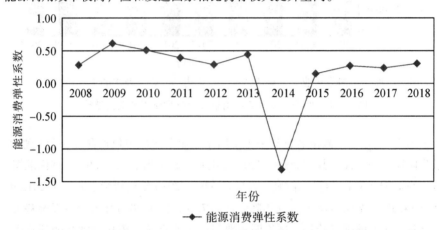

图3-13　湖南主要用能工业企业的单位产品能源消费情况

3.2　湖南省碳排放测算及现状分析

研究碳排放的现状、趋势及其影响因素对指导碳减排具有重要意义，当前我国90%以上的二氧化碳排放来自能源消费的排放，大多数学者将地区能源消费总量造成的二氧化碳排放量作为该地区实际的二氧化碳排放量。本节利用2008—2018年湖南省能源消费数据测算湖南省能源消费碳排放总量、人均碳排放和碳排放强度等数据揭示了湖南自"两型社会"建设以来碳排放的现状及动态趋势。

3.2.1　碳排放测算方法

本小节基于能源消费数据选取了学术界应用最为广泛的排放系数法进行湖

南省碳排放的核算，参考《2006 年 IPCC 国家温室气体清单指南》[①] 计算二氧化碳排放量的通用方法，设定计算公式为

$$C_T = \sum_{i=1}^{n} E_i \times \gamma_i \times \delta_i \times \frac{44}{12} \tag{3-1}$$

其中，C_T 为碳排放总量，E_i 为第 i 种能源消费量，γ_i 为第 i 种能源的标准煤转换系数，δ_i 为第 i 种能源的二氧化碳排放转换系数（见表 3-3），n 为能源种类，$\frac{44}{12}$ 表示 CO_2 与碳的分子量之比。

表 3-3　各种能源的标准煤转换系数和二氧化碳排放转换系数

能源种类	煤炭	焦炭	原油	汽油	煤油	柴油	燃料油	天然气
标准煤转换系数 γ_i	0.7143	0.9714	1.4286	1.4714	1.4714	1.4571	1.4286	1.33
二氧化碳排放转换系数 δ_i	0.747	0.855	0.585	0.553	0.571	0.592	0.618	0.448

注：标准煤转换系数中前 7 个能源品种的计量单位为 kg/kg，天然气为 kg/m³，二氧化碳排放转换系数计量单位为 t/t。

3.2.2　数据来源及处理

根据 IPCC（2006）中的方法计算湖南 2008—2019 年二氧化碳排放量，数据均来自 2008—2018 年的《中国能源统计年鉴》以及《湖南省统计年鉴》，根据《中国能源统计年鉴》以及《湖南省统计年鉴》的行业分类，湖南省分品种能源消费数据在统计中共分为 6 大类，包括煤、油、天然气、电力、热力和其他。其中，2010 年以前，煤、油分别由 8 个子类构成，2010 年开始，煤、油分别由 11、14 个子类构成，天然气也细分为天然气与液化天然气两类。

年鉴中提供了各种能源的消费量数据，其中包含了能源加工转换中的一些燃料投入和非能源使用的化石燃料。为了避免重复计算，本书选取了湖南 2008—2018 年的能源平衡表，逐年对各种能源数据剔除掉加工转换过程中的投入量、损失量以及工业生产中用作原料和材料的部分，得到湖南各年度的表

---

① IPCC, Intergovernmental Panel on Climate Change, 联合国政府间气候变化专门委员会。

观能源消费量，计算公式如下：

表观能源消费量=本地一次能源生产量+进口量-出口量+外省调入量-本省调出量+库存变化-非能源使用-损失量

为方便比较以及碳排放核算的准确性，在核算之前本文利用各类能源的标准煤转换系数将所有能源转换为标准煤消费量。

3.2.3 湖南省总体碳排放现状及动态趋势

3.2.3.1 碳排放总量及变动趋势

由图3-14、图3-15可知，湖南省碳排放量在21世纪初最初五年逐年增加，且增速快、增幅大，进入碳排放增长的井喷期。尤其是2006年，增长率达到研究期内的最大值（近40%）。这主要源于湖南在此阶段开始大力推动城镇化进程，经济主要依赖第二产业，工业及建筑业的快速发展带来了碳排放的井喷。经历2005年与2006年的碳排放高增长期后，湖南省碳排放量增速大幅放缓，这主要源于湖南长株潭地区在"两型社会"改革配套区试点的申报获批前后碳排放有所抑制。但在2008年全球爆发经济危机后我国各地于2009年开始4万亿经济刺激计划，随后几年固定资产投资以及工业增速、经济增速均大幅加快，因此湖南2009年后碳排放增速又回升至2012年的第二峰值（近12%）。随后2012年以后碳排放增速急速下降，在2013年和2014年分别出现负增长，虽然近年来增速又有所回升，在5%左右波动，但近五年平均增长率不到3%，这与湖南省响应低碳发展规划有关。在新政策的整体调控下，低碳经济发展初见成效。

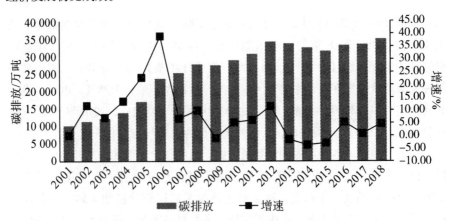

图3-14 湖南2001—2018年碳排放及增速

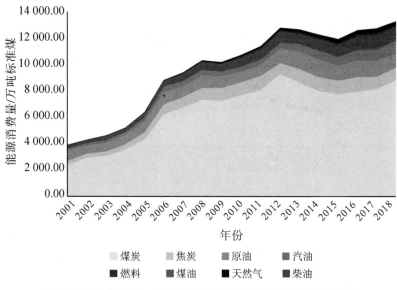

图 3-15　湖南 2001—2018 年各类能源消费量（折算成标准煤）

图中图例：煤炭　焦炭　原油　汽油　燃料　煤油　天然气　柴油

从整体来看，三个增长率峰值逐渐下滑，近期增长率平稳变动，碳排放总量在 9 000 万吨附近上下小幅波动，增速增幅明显放缓，碳排放数量趋于平稳。

为进一步分析湖南省 2006 年、2012 年和 2016 年碳排放增速回升达阶段性峰值的情况，笔者对 2001—2018 年湖南各类能源消费量进行了面积图分析。由图 3-14 可知，煤炭作为湖南的主要一次能源，在碳排放方面扮演着重要角色，近 20 年来能源消费总量占比均值达 69%。石油作为碳排放的又一重要来源，伴随经济增长，消费比例逐渐增加，在 2016 年以后占比增速才放缓，消费占比稳定在 16% 左右。碳排放系数较低的清洁能源如天然气的消费份额虽然逐年增大，但截至 2018 年年底所占比例仍相对较小，占比不到 3%，清洁能源的消费端使用仍有较大提升空间。尤其在 2006 年、2012 年碳排放增速阶段性达峰时煤炭消费都出现快速大幅增长。

3.2.3.2　人均碳排放

如图 3-16 所示，2008—2017 年湖南省人均碳排放呈逐年增加趋势，在 2006 年和 2012 年人均碳排放都出现阶段性快速增加，尤其是 2005—2006 年，人均碳排放从 2004 年的 2.04 吨增加至 2006 年的 3.71 吨，增幅达 82%；随后增幅、增速均放缓，于 2012 年达到峰值 5.12 吨，为 2001 年人均碳排放三倍有余。2013 年后湖南人均碳排放较为稳定，维持在 5 吨左右，到 2018 年人均

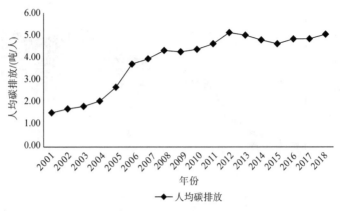

图 3-16　湖南 2001—2018 年人均碳排放

碳排放为 5.04，较上年增加 0.2，增长约 4%。数据显示，近年来得益于湖南积极落实"十三五"低碳绿色发展策略，人均碳排放呈现稳定趋势，说明湖南省在新常态的经济背景下通过调整经济发展模式优化产业结构，有效地抑制了碳排放的过快增长。

3.2.3.3　碳排放强度

碳排放强度即单位 GDP 碳排放，可衡量地区经济同碳排放之间的关系。图 3-17 显示，湖南省碳排放强度除了 2005 年和 2006 年上升外，其他年份均呈下降趋势，于 2006 年达到阶段性峰值 3.06 万吨/亿元。2006—2012 年湖南省碳排放强度下降速度较快，但 2013 年来碳排放强度下降速度有所放缓。总体来看，湖南在保持经济增长的同时，单位 GDP 所带来的二氧化碳排放量在下降，湖南低碳发展模式效果显现。

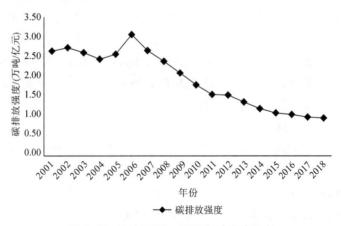

图 3-17　湖南 2001—2018 年碳排放强度

3.2.4 湖南省各市州碳排放现状及动态趋势

湖南省各市州在区域资源禀赋、产业结构、能源消费、人口以及经济发展水平方面存在差异，从前述数据分析可以看出人口、经济水平、产业结构、经济发达程度等因素与碳排放相关性较大，因而碳排放亦会存在一定的地域差异，较粗的碳排放数据难以精确反映区域格局特征，不利于寻求因地制宜的碳减排政策。本小节通过分析湖南省各市州的碳排放空间差异，有助于深入了解湖南省碳排放现状，并为湖南省制定差异化精准减排政策和目标提供依据。

考虑数据可得性以及可比性，本书选取了2008—2018年湖南省14个市州规模以上工业企业终端能源消费数据，采用碳排放系数法测算了各市州的碳排放量，其中规模以上工业企业的能源消费数据来自2008—2018年的《湖南省统计年鉴》，市域空间数据来源于国家基础地理信息中心数据库。

3.2.4.1 各市州碳排放量

如图3-18至3-22所示，从总体格局上看，2008—2018年湖南省各市州碳排放总量划分为四个等级。

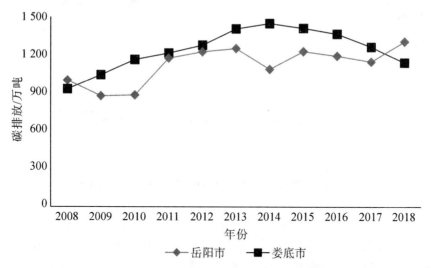

图3-18 岳阳市、娄底市2001—2018年碳排放

高排放区为岳阳和娄底市，两市碳排放量位列全省前列，十年年均碳排放均达到1 100万吨以上，远高于其他12个市州。娄底市碳排放呈先增后减趋势，2014年前碳排放逐年增加，2014年达到阶段性峰值后进入下降阶段，到2018年碳排放量达到1 141万吨，较2008年的930万吨增加了23%。而岳阳

市碳排放则呈阶段性波动上升趋势，2008—2010年小幅回落后开始碳排放回升，到2013年达到阶段性高点后在2014年又出现回落，但随后几年又出现反弹势头，到2018年碳排放量达到1 307万吨，较2008年的930万吨增加了31%，增幅略大于娄底市。

中高排放区为湘潭市、衡阳市和郴州市，2008—2018年上述三市的年均碳排放在500万吨左右，三市碳排放均呈先增后减趋势，且均在2011年达到十年的阶段性峰值，随后出现下降，且衡阳市碳排放下降幅度明显大于湘潭和郴州两市。2008年湘潭、衡阳和郴州三市的碳排放量分别为547万吨、504万吨和481万吨，到2018年三市碳排放量分别为511万吨、266万吨和408万吨，衡阳市十年碳排放下降幅度达到47%，郴州市碳排放降幅约为15%，而湘潭市碳排放降幅仅为6.5%。

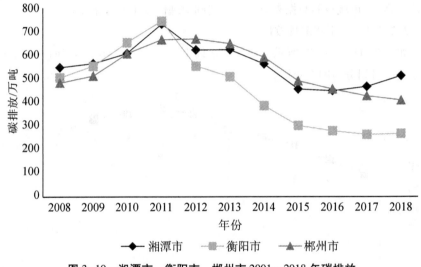

图 3-19　湘潭市、衡阳市、郴州市 2001—2018 年碳排放

中等排放区为长沙和株洲两市，2008—2018年上述两市的年均碳排放量在300余万吨，且总体呈先增后减趋势，2008—2010年两市碳排放量均出现小幅上升，2011年达到阶段性峰值后进入下降通道。长沙市碳排放在2011年后碳排放逐年下降，至2018年碳排放量为205万吨，较2011的阶段性峰值397万吨下降了48%。株洲市碳排放也于2011年达到阶段性碳排放峰值393万吨，随后快速下降至2015年的202万吨，降幅也高达49%，但在近三年出现反弹，2018年反弹至282万吨，较2015年的低点增加了80万吨，增幅近28%。

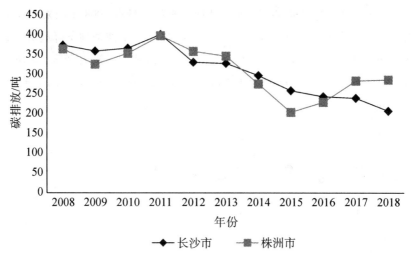

图 3-20　长沙市、株洲市 2001—2018 年碳排放

中低排放区为邵阳市、怀化市和永州市，2008—2018 年上述三市的年均碳排放大都在 100 万吨左右。三市中邵阳市碳排放量位居首位，且总体呈增加趋势，碳排放量从 2008 年的 152 万吨增加至 2018 年的 188 万吨，增幅达到24%。怀化市和永州市碳排放量差距较小且自 2008 年以来总体呈下降趋势，怀化市碳排放由 2008 年的 137 万吨降至 2018 的 57 万吨，降幅达 58%，永州市降幅偏小仅为 16%，降幅不到怀化市的三分之一。

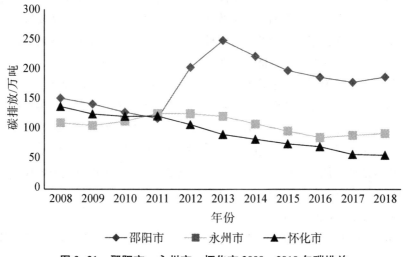

图 3-21　邵阳市、永州市、怀化市 2008—2018 年碳排放

低排放区为张家界市和湘西州，两地碳排放总量自 2008 年以来均低于 50 万吨，十年年均碳排放量约为 23 万吨，且总体上均呈波动性下降趋势，其中张家界市从 2008 年的 22 万吨降至 2018 年的 14 万吨，降幅达 36%。2018 年湘西州碳排放相较 2008 年的 36 万吨下降了 17 万吨，降幅明显，达到了 47%。

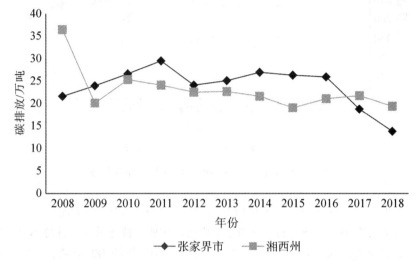

图 3-22　张家界市、湘西州 2008—2018 年碳排放

总的来说，湖南省碳排放量呈小幅下降趋势，且主要集中在岳阳市、娄底市和湘潭市，这主要是因为湖南省高耗能行业分布的区域集中度较高，黑色金属冶炼和压延加工业、石油、煤炭及其他燃料加工企业主要分布在娄底、湘潭和岳阳三市。而张家界市和湘西州碳排放排末两位，这主要因为两地依赖农业和旅游业，工业尤其是高耗能行业在经济总量中占比极低。

数据显示，湖南省通过政策调控、市场引导等方式加快能源结构调整，推动清洁能源消费，企业能源消费逐步向低污染、低排放转型，使得碳减排效果逐步呈现。重点耗能工业企业继续坚持转型升级和创新发展理念，推动直接节能成果在生产领域的应用，通过进一步改进优化工艺技术，更新改造用能设备，淘汰落后产能和推动技术进步，减少能量损失，为巩固节能降耗成果，推进绿色低碳发展，努力实现单位产品能耗不断下降奠定了良好基础。

3.2.4.2　各市州碳排放强度

如图 3-23 至 3-26 所示，2008—2018 年湖南省各市州单位 GDP 碳排放强度总体持续下降，按照碳排放年平均值可划分为四个区间。

碳排放高强度区为岳阳、娄底市和湘潭市，2008—2018 年三市的年均碳排放强度达到 5 000 吨/亿元，且持续下降。其中，娄底市碳排放强度位列湖南首位，远高于其他 13 个市州，但是降幅较大、降速较快，2018 年碳排放强度为 8 956 吨/亿元，较 2008 年下降了 8 651 吨/亿元，降幅达 49%。岳阳市碳排放强度位列湖南第二位，但远低于娄底市，年均值为 3 832 吨/亿元，2018 年碳排放强度较 2008 年的 9 037 吨/亿元下降了 5 205 吨/亿元，降幅达到 58%，降幅和降速均高于娄底市。湘潭市近十年碳排放强度年均值为 2 368 吨/亿元，从 2008 年的 8 358 吨/亿元降至 2018 年的 2 368 吨/亿元，下降了 5 990 吨/亿元，降幅达到了 72%，降幅和降速均为碳排放高强度区三市之首。湘潭市自 2007 年启动资源节约型、环境友好型社会建设以来，有序开展竹埠港老工业区"退二进三"工作，优化产业结构，力推绿色低碳发展，取得了显著成效。

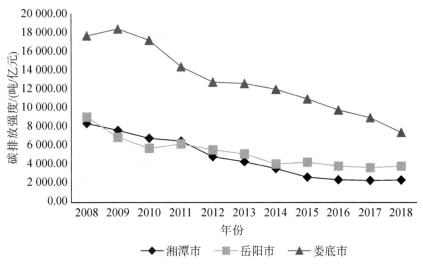

图 3-23　湘潭市、岳阳市和娄底市 2008—2018 年碳排放强度

　　碳排放中高强度区为衡阳、益阳和郴州三市，2008—2018 年三市的年均碳排放强度为 2 000~4 000 吨/亿元，且持续下降。从年均值来看，三市中郴州市碳排放强度位列首位且远高于其他两市达 3 884 吨/亿元，益阳市为 1 530 吨/亿元，衡阳市为 876 吨/亿元。从降幅和降速来看，衡阳市表现最好，2018 年较 2008 年碳排放强度下降了 83%，郴州市降幅也较大达到 72%，益阳市下降了 3 185 吨/亿元，降幅虽然在三市中偏小也达到了 68%，三市在降速降幅上均优于碳排放高强度区的湘潭、岳阳、娄底三市，节能减排效果较好。

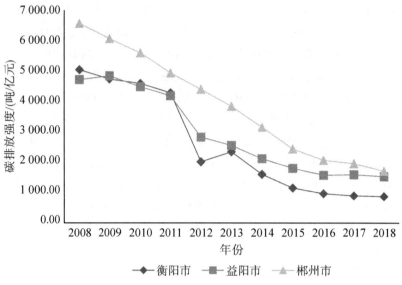

图 3-24　郴州市、衡阳市、益阳市 2008—2018 年碳排放强度

碳排放中低强度区为株洲、永州、怀化、常德和邵阳五市，2008—2018 年的年均碳排放强度为 1 000~2 000 吨/亿元，除邵阳市碳排放强度 2010—2012 年出现反弹外，其他四市碳排放强度在十年均持续下降。其中怀化市降幅大降速明显，2018 年碳排放强度降至 378 吨/亿元，远低于其他几市，相较于 2008 的 2 740 吨/亿元下降了 86%。株洲市紧随其后，虽然 2018 年碳排放强度仍然达到 1 077 吨/亿元，但较 2008 年降幅为 73%。永州市整体碳排放强度低于株洲市，2018 年碳排放强度为 517 吨/亿元，较 2008 年的 1 871 吨/亿元下降了 1 354 吨/亿元，降幅达 73% 和株洲市基本持平。常德和邵阳两市碳排放强度基本相当，近十年均值均在 1 000 吨/亿元，常德市碳排放强度略低于邵阳市，2018 年常德市碳排放强度为 952 吨/亿元，较 2008 年下降了 65%，邵阳市 2018 年碳排放强度为 1 053 吨/亿元，较 2008 年下降了 61%，降幅略低于常德市。

碳排放低强度区为长沙市、张家界市和湘西州三地，2008—2018 年三地的年均碳排放强度在 1 000 吨/亿元以内，且均呈现较大幅度、较快速度的持续下降。长沙市碳放排放强度降幅大、降速明显，2018 年降至 186 吨/亿元，为湖南最低水平，相较 2008 的 1 234 吨/亿元下降了 85%，降幅仅略低于怀化市，位列全省第二位。湘西州和张家界市紧随其后，降幅均达到 80%，远高于其他市，2018 年湘西州碳排放强度为 320 吨/亿元，较 2008 年下降了 1 289 吨/亿元；张家界市 2018 年碳排放强度为 238 吨/亿元，较 2008 年下降了 937 吨/亿元。

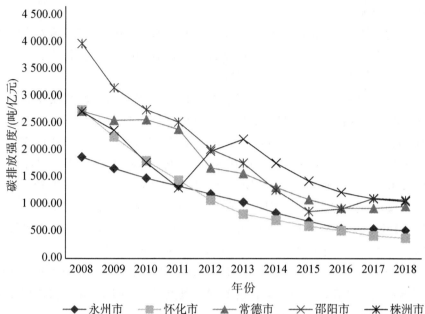

图 3-25　株洲市、永州市、怀化市、邵阳市和常德市 2008—2018 年碳排放强度

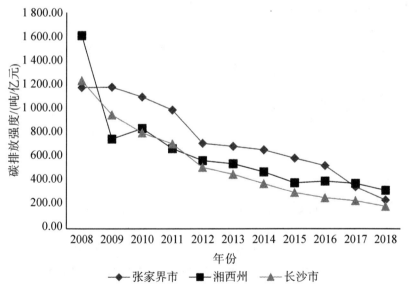

图 3-26　长沙市、张家界市和湘西州 2008—2018 年碳排放强度

3.2.4.3　人均碳排放分析

图 3-27 至 3-28 显示了 2008—2018 年湖南省各市州人均碳排放，可划分

为三个等级区间。

人均高排放区为岳阳、娄底和湘潭三市，2008—2018 年三市的人均碳排放量均高于 1.5 吨/人，三市人均碳排放变化呈现分化态势，湘潭市、娄底市呈先增后减趋势，岳阳市呈阶段性波动。

娄底市人均碳排放位列湖南首位，近十年的年平均值高达 3.19 吨/人，其中 2008—2014 年逐年上升，2014 年的阶段性峰值为 3.764 吨/人，较 2008 年上升了 69%，随后呈缓慢下降趋势，2018 年为 2.903 吨/人，较 2014 年峰值回落了 23%。

岳阳市和湘潭市的人均碳排放基本相当，其中岳阳在研究期内的年平均值为 2.01 吨/人，湘潭市在研究期内的年平均值为 1.96 吨/人，差距较小。湘潭市在 2011 年即达到研究期内的阶段性峰值 2.64 吨/人，较 2008 年增加 42%，随后进入下降通道，2018 年为 1.79 吨/人，较 2011 年的峰值回落了 32%。2008—2018 年湘潭市人均碳排放实现了 4% 的小幅下降。岳阳市人均碳排放在 2008 年短暂回落至 2009 年的 1.597 吨/人后重新步入上升通道，2013 年达到阶段性峰值 2.252 吨/人，较 2009 的低点回升了 41%，随后又出现连续四年的持续回落，但 2018 年较 2017 年又有回升势头。整体来看，在人均高碳排放量的三市中仅湘潭市在研究期内出现小幅下降，娄底市和岳阳市均不同程度上升，娄底市升幅为 23%，湘潭市为 31%。

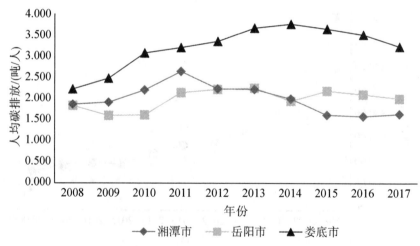

图 3-27　湘潭市、岳阳市、娄底市 2008—2018 年人均碳排放

人均排放中等区为株洲、衡阳、益阳、常德和郴州五市，研究期内的人均碳排放平均值为 0.5~1.5 吨/人，均呈现先增后降的趋势，且均于 2011 年前后达到阶段性峰值，除郴州市维持持续下降趋势外其他市在近两年均有不同程度

的翘尾回升现象，尤其是株洲市 2015—2018 年人均碳排放反弹明显。

郴州市人均碳排放较高，研究期内年平均值高达 1.15 吨/人，远高于同区间内的其他四市，其中 2008—2012 年逐年上升，2012 年的阶段性峰值为 1.441 吨/人，较 2008 年上升了 41%，随后步入快速下降通道，2018 年为 0.861 吨/人，较 2012 年峰值回落了 40%，较 2008 年下降了 16%。

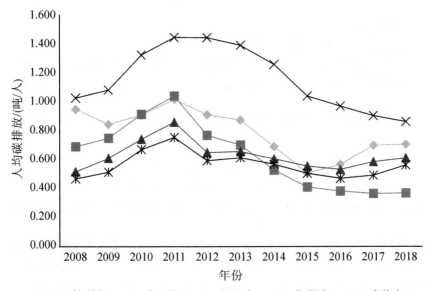

图 3-28　株洲市、衡阳市、益阳市、郴州市和常德市 2008—2018 年人均碳排放

人均排放低等区为邵阳、永州、怀化、长沙、张家界和湘西州六地，研究期内的人均碳排放平均值均低于 0.5 吨/人，永州市、张家界市和邵阳市呈现先增后降的趋势，永州市和怀化市均于 2011 年达到阶段性峰值，邵阳市于 2013 年升至阶段性高点，长沙市、湘西州和怀化市则呈持续下降趋势，除邵阳市在研究期内整体出现 26% 的升幅外，其他市州人均碳排放均不同程度减少，尤其是怀化市、长沙市在 2008—2018 年人均碳排放降幅明显，均达到 55%。

长沙市在上述六个市州中人均碳排放最高，但研究期内降幅大、降速快，研究期内年平均值为 0.429 吨/人，明显高于同区间内的其他五个市州，2018 年降至 0.252 吨/人，较 2008 年的 0.574 吨/人，下降了 56%。怀化市是同区间市州中降幅最大的地区，2008 年开始持续下降至 2018 年的 0.115 吨/人，降幅达 58%。湘西州是全省人均碳排放最低的地区，十年人均碳排放的年均值仅

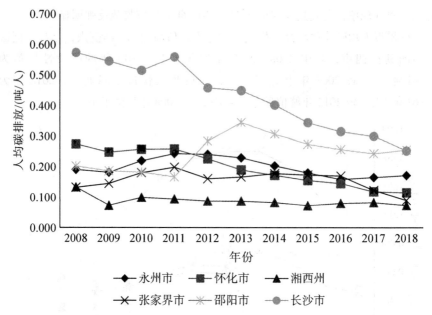

图3-29　永州市、怀化市、湘西州、张家界市、邵阳市和长沙市2008—2018年人均碳排放

为0.088吨/人，2008—2018年下降了45%，到2018年为0.073吨/人。2008年时永州市人均碳排放低于怀化市，但由于波动趋势不一样，到2018年，永州市人均碳排放为0.171吨/人，高出怀化市33%，没有延续低排放的优势，在2008—2011年明显增加，2011达到阶段性峰值0.243吨/人，较2008年增加28%，随后虽然逐年下降，到2018年回落了29%，但2008—2018年整体降幅仅为10%，远低于怀化市和长沙市等。

张家界和邵阳两市同永州市波动趋势大体一致，张家界市人均碳排放仅略高于湘西州，2011年达到阶段性峰值为0.198吨/人，较2008年上升了49%，随后出现持续下降，2018年为0.090吨/人，较2011年的阶段性峰值下降了55%，较2008年减少了32%。邵阳市在2008年开始逐步回落至2012年的低点0.166吨/人，随后两年内快速增加107%至2013年的阶段性高点0.345，2013年后出现持续下降，但降幅不大，2018年为0.255吨/人，较2013的高点回落了26%，较2008年则出现了26%的增幅，是全省人均碳排放近十年不降反升的唯一一个市。

4 湖南省碳排放影响因素的因子分析

第 2 章中的文献研究显示碳排放的影响因素众多，本章拟采用因子分析法，从繁杂变量中发现关键变量，结合理论分析，通过运用因子分析法提取公共因子揭示了影响湖南省碳排放的主要因素。

4.1 碳排放影响因素的理论分析

人类的生产生活均可能造成碳排放，工业生产是当前主要的碳排放来源。经济发展、工业化和城镇化等均会给碳排放带来影响，此外消费观念、价值观以及生活方式等其他因素同样会对碳排放造成一定影响，可以看出碳排放的影响因素包括经济、社会和环境等多方面。本节在对相关文献进行研究的基础上，重点从理论角度阐述碳排放的影响因素。

4.1.1 经济发展对碳排放的影响

20 世纪末期，Grossman 等提出经济发展对环境质量的影响主要来源于两个方面：一方面，不断扩大的经济规模必然需要消耗大量资源，造成环境质量的下降；另一方面，伴随日益扩大的经济规模以及逐步提高的生活水平，人们会对环境提出更高要求，会愿意以一定的代价来换取更高的环境质量。大量有关中国碳排放影响因素的研究都重点验证了经济发展和碳排放之间的关系，结果发现中国碳排放量的快速增长是经济发展的副产物，碳排放量与经济发展高度相关，经济增长是二氧化碳增加的关键动因。正如环境库兹涅茨曲线（Environmental Kuznets Curve，EKC）所反映的，碳排放量与人均 GDP 存在紧密联系。也有大量研究验证了我国经济发展和碳排放量之间的关系符合 EKC 假说，二者之间呈现出倒"U"形关系且当前仍然处于倒"U"形的左半边，面临着碳减排以及经济发展的双重目标。

2001 年以来湖南省经济快速发展，全省 GDP 从 3 831.9 亿元增长至 2018 年的 36 425.78 亿元，增长了 8 倍，年均增速达 14%；人均 GDP 由 0.58 万元增加至 5.18 万元，年均增速也达到了 14%，而碳排放年均增速仅为 7%。从图 4-1 可清晰地看出，2001—2018 年，湖南正处于倒"U"形曲线爬峰阶段并且有进入右侧下降阶段的趋势，即在实现人均 GDP 不断上涨的同时人均二氧化碳的排放量实现下降，有希望走出经济增长和二氧化碳减排的两难困境，说明湖南近年来能源结构优化、产业结构转型升级等碳减排举措效果显现。湖南作为中部省份，经济处于发展阶段，因此要兼顾经济增长和实现碳减排两个目标，要实现绿色低碳的可持续发展，经济转型十分必要。

经济因素中产业结构对碳排放影响较为显著。当前湖南省处于工业化中后期的发展阶段，第二产业比重较大，工业增加值在国民经济中贡献最大，工业的能源消耗量较大，产生较多的二氧化碳，产业结构的调整升级必然会影响碳排放。

此外，经济因素中的生态环境投资、居民收入水平、能源价格同样会影响碳排放。生态环境投资有助于减少碳排放，如植物可吸收二氧化碳并将其转化为氧气，使得空气中的碳浓度得以控制。居民收入水平通过影响居民消费进而影响能源消费，影响碳排放。

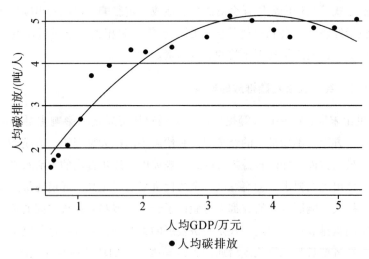

图 4-1　湖南省人均 GDP 和人均碳排放的散点图

4.1.2 能源消费结构对碳排放的影响

能源消费结构是指一次能源消费总量中各种能源消费量的构成及其比例关系。目前化石燃料仍是世界各地的主要能源来源，而不同种类的化石燃料的碳排放系数不同。《IPCC 国家温室气体清单指南》中煤炭的排放因子为96920KG/TJ，石油的排放因子为73300KG/TJ，天然气的排放因子是56100KG/TJ，煤炭的排放系数最大，是石油的 1.29 倍，天然气的 1.69 倍，显然煤炭产生的二氧化碳量远远超过石油和天然气所产生的二氧化碳量，因此从理论上来看优化能源消费结构，提高清洁能源消费比重，实现低碳能源消费结构有助于碳减排。然而能源消费结构优化受到了能源市场规模、能源技术水平、能源资源禀赋等因素的影响。

湖南的主要能源资源是煤炭资源，十年来能源消费结构中煤品类燃料资源占比年均值达 60%，石油约为 13%，天然气仅占 1.65%，低碳能源占比极低。较高比例的煤品类燃料消费必定引起碳排放的持续增加，虽然自 2008 年以来天然气等清洁能源比重有所提升，但占比仍然极低，2018 年湖南能源消费中天然气消费占比仅为 2.2%，能源结构短期内无法得到明显改善，对减排的作用有限，未来湖南省能源结构调整任务艰巨。

能源强度反映了能源利用效率，能源利用效率越高则碳排放越少，新技术的使用提高了能源利用效率，对碳减排至关重要。湖南能源强度（单位 GDP 能耗）持续下降，但 2018 年为 0.74 吨标准煤/万元，仅相当于北京市 2009 年的能源强度水平，能源使用效率仍然有较大的提升空间。

4.1.3 人口规模与结构对碳排放的影响

Birdsall 于 1992 年发表的 "Another see population and global warning" 一文中指出，人口增长会导致能源需求增加、森林破坏和土地用途改变，这些均会对碳排放产生影响。人口规模对碳排放量具有驱动效应，随着人口数量增加，生产生活中涉及的能源利用领域能耗量增大，例如对交通工具、住房、基础设施和生活必需品等的需求会增加对化石燃料的使用，从而加大二氧化碳的排放。

2001—2018 年，湖南常住人口年均增长率约为 0.28%，年均增加 17 万人。人口总数在 2018 年达到 6 899 万人。湖南人口规模依然呈现绝对增长趋势，人口规模的增加会加大碳排放压力。

人口结构中城镇人口比重的增加同样会对碳排放形成压力。城镇和农村的人口占比可以间接通过城镇化率这一指标体现，城镇化率采用城镇人口占该地区总人口的比重来衡量。何晓萍（2009）的研究结果显示城镇居民人均能源消费量大约是农村居民的 3.5~4 倍，城镇化必然对碳排放产生较大影响。

湖南城镇化率从 2005 年的 35.13% 增长到 2018 年的 56.2%，依然低于 60%，为城镇化中期加速阶段。城镇化进程的不断推进使人口进一步向大中型城市聚集，各类生产生活需求增加，各类行业迅速发展，总能源需求加大，减排压力加剧。湖南目前绿色建筑较少，居民低碳出行方式还未得到有效推广，加快向低碳消费、低碳出行、低碳建筑等的转变显得尤为紧迫，在城镇化进展中推行低碳模式已是未来发展的趋势。

4.2 因子分析原理

4.2.1 因子分析概述

在建立多元回归模型时，为了更准确地解释事物特征和规律，研究者们往往在模型中放入较多的相关解释变量，使得问题分析更复杂，同时易导致多重共线性的出现，数据提供的信息存在重叠交叉，抹杀了事物真实的特征和规律。主成分分析和因子分析就是为了解决上述问题而产生的。1933 年霍特林提出主成分分析法，该方法通过投影的方式实现数据的降维，在损失较少数据信息的基础上把多个指标转化为几个有代表意义的综合指标，在众多的指标当中结合研究对象的特点和数据特征选取最能反映研究对象真实状况的几个主要指标，再使用主要指标对研究对象进行深入分析，该方法能够突出重点，增强研究的针对性。因子分析是主成分分析的推广，因子分析更侧重解释被观测变量之间的相关关系或协方差之间的结构，通过研究变量的相关系数矩阵内部结构，根据相关性高低对变量分类，使得同类变量之间有较高的相关性，不同类的变量有较低的相关性，找出能影响众多变量的几个变量来阐释多变量间的关系，实质上是用几个潜在的但不能观察的互不相关的随机变量去描述许多变量之间的相关关系，这些随机变量称为因子。

因子分析通过少数的几个公共因子来解释协方差结构的因子模型。因子分析法的关键是确定因子数目，因子数目过多会造成在因子分析的过程中丢失使用价值的问题；因子数目不足则易由于信息内容表达不足引起信息的丢失。常用的因子数目确定方法主要有最小特征法、总方差比例法、最小平均偏相关方法等。最小特征值法也称为 Kaiser-Guttman 规则，是最为常用的一种方法，只需要计算离差矩阵的特征值，特征值超过平均值的个数作为因子个数。总方差比例法确定因子数目的基本原理就是选择公因子的个数 m 使得前 m 个特征值的和超过公因子总方差的某一门限值，多用于主成分分析。最小平均偏相关方法的原理是给定 m 个成分，计算偏相关系数平方的平均值，应保留因子的个数是使得平均值最小化的个数。

4.2.2　因子分析模型

对湖南省碳排放影响因素的研究涉及多个影响因素的变量指标，且这些指标间可能存在较强的相关性，假设有 p 个指标，基本的因子分析模型可以表示为

$$Z_1 = l_{11} F_1 + l_{12} F_2 + \cdots + l_{1m} F_m + \in_1$$
$$Z_2 = l_{21} F_1 + l_{22} F_1 + \cdots + l_{2m} F_m + \in_2$$
$$\vdots$$
$$Z_P = l_{P1} F_1 + l_{P2} F_1 + \cdots + l_{Pm} F_m + \in_P \qquad (4-1)$$

式中，F_1，F_2，$\cdots$，F_m 为影响湖南省碳排放的公共因子，$\in_1$，$\in_2$，$\cdots$，$\in_m$ 表示影响湖南省碳排放的特殊因子，其中包含了随机误差，l_{ij} 称为因子载荷，即第 i 个影响因素指标变量 Z_i 在第 j 个公共因子 F_j 上的载荷，由其构成的矩阵 L 称为因子载荷矩阵。式（4-1）的矩阵表达式如下：

$$Z = LF + \in \qquad (4-2)$$

式中，$F = (F_1, F_2, \cdots, F_m)'$；$\in = (\in_1, \in_2, \cdots, \in_m)'$，$F_1$，$F_2$，$\cdots$，$F_m$ 为不可观测的随机变量。

通过因子分析，就可以将影响湖南省碳排放多因素（p）降维到 m 个公共因子。

4.2.3　因子分析步骤

因子分析（factor analysis）最早是由英国心理学家 C. E. 斯皮尔曼提出的，是研究从变量群中提取共性因子的一种统计方法，是一种数据简化技术。需要注意的是因子分析是从一系列高度相关的原始变量矩阵 $X = (X_1, X_2, \cdots, X_m)'$ 中提取少数几个不相关的因子，如果原始变量之间不相关则不适宜采用因子分析。因子分析的步骤包括构建原始数列矩阵、数据标准化处理、求相关矩阵、建立主成分表达式、求相关矩阵的特征值和特征向量、求每个因子的贡献率、选公共因子、求正交因子解、绘制变量因子得分圈并实现

分类、构造因子得分模型。具体步骤如下：

第一步：为避免量纲差异造成的影响，需先将观测值进行标准化处理，所有因子分析均基于标准化后的序列。

第二步：求解标准特征方程，得到相关矩阵或协方差矩阵的特征向量矩阵，以及其特征值。

第三步：建立因子模型，并确定因子提取方法。因子提取方法包括主成分法、最大似然法、主轴因子分解法、综合最小平方法等，本章采用主成分法，以最少的因子最大限度地解释原始数据中的方差的效果。

第四步：确定因子贡献率及累计贡献率。贡献率即某个因子的变化差异程度在全部因子的变化差异程度的占比，贡献率值越大，该因子越重要。依据提出的公因子的累计贡献率，确认是否可以表达大部分信息内容。

第五步：利用最大方差法求得因子载荷矩阵 A，之后确定每个公因子的含义。因子载荷矩阵是描述初始变量与各因子间线性关系紧密程度的指标，绝对值越大，初始变量与各因子间线性关系紧密程度越强，对因子的解释作用越强。因子旋转方法包括最大四次方值法、最大方差法、最大平衡值法等，本书采用的是最大方差法。

第六步：建立因子得分函数并计算因子得分。

4.3　实证分析过程及结果

本节针对湖南省碳排放影响因素进行因子分析，选取 1995—2018 年湖南省碳排放及社会经济发展的各项数据，所有实证分析均使用 SPSS 20.0 软件完成。

4.3.1　变量选取及数据处理

4.3.1.1　变量选取

第一节对湖南省碳排放的影响因素进行了理论分析，发现影响因素众多，包括经济、人口、技术、文化等多方面因素。本书变量数据来自《湖南省统计年鉴》和《中国能源统计年鉴》，选取变量包括人均 GDP、能源消费结构、能源强度、专利授权数、R&D 支出、R&D 强度、城镇化率、总人口、产业结构、城镇居民可支配收入等，涵盖了能源、经济、人口、收入及技术等影响湖南省碳排放的因素，原始数据见表 4-1。

表 4-1　1995—2018 年湖南省碳排放及其影响因素的原始数据

年份	碳排放总量/万吨	人均 GDP/元	GDP/亿元	第二产业占比/%	常住人口/万人	城市化率/%	专利授权数/项	R&D 支出/万元
1995	13 755.01	3 335.623	2 132.13	36.1	6 392	25.4	1 515	130 601
1996	14 163.55	3 951.665	2 540.13	36.2	6 428	26.8	1 256	145 905
1997	12 096.34	4 407.224	2 849.27	36.6	6 465	27.7	1 333	105 993
1998	12 286.24	4 653.23	3 025.53	37.1	6 502	28.4	1 623	89 000
1999	10 363.74	4 921.219	3 214.54	37.1	6 532	29.1	2 523	133 324.8
2000	10 059	5 412.207	3 551.49	36.4	6 562	29.9	2 555	192 442
2001	11 240.75	5 809.43	3 831.9	36.9	6 596	31.3	2 401	239 755
2 002	12 046.11	6 262.694	4 151.54	36.7	6 629	32.7	2 347	262 135
2003	13 669.4	6 993.832	4 659.99	38.1	6 663	34.1	3 175	300 904
2004	16 791.99	8 423.32	5 641.94	38.9	6 698	35.5	3 281	370 442
2005	23 329.37	10 426.97	6 596.1	39.7	6 326	37.01	3 659	445 235
2006	24 889.66	12 123.42	7 688.67	41.5	6 342	38.71	5 608	536 174
2007	27 342.45	14 853.82	9 439.6	42.4	6 355	40.46	5 687	735 536.1
2008	27 082.75	18 111.29	11 555	44	6 380	42.15	6 133	1 127 040
2009	28 480.91	20 386.65	13 059.69	44.2	6 406	43.19	8 309	1 534 995
2010	30 216.69	24 410.9	16 037.96	46.5	6 570	43.3	13 873	1 865 584
2011	33 686.22	29 820.44	19 669.56	48.5	6 596	45.1	16 064	2 332 181
2012	33 190.84	33 369.83	22 154.23	48.4	6 639	46.65	23 212	2 876 780
2013	31 991.88	36 798.19	24 621.67	48	6 691	47.96	24 392	3 270 253
2014	31 061.78	40 132.58	27 037.32	47.3	6 737	49.28	26 637	3 679 345
2015	32 699.34	42 609.77	28 902.21	45.6	6 783	50.89	34 075	4 126 692
2016	32 932.76	46 249.44	31 551.37	43.2	6 822	52.76	34 050	4 688 418
2017	34 005.18	49 421.22	33 902.96	41.7	6 860	54.62	37 916	5 685 310
2018	35 103.13	52 798.64	36 425.78	39.7	6 899	56.02	48 957	6 582 729

表 4-1(续)

年份	R&D 强度	技术市场成交/亿元	煤炭消费占比/%	能源强度/（吨/元）	能源消费总量/万吨标准煤	城镇居民可支配收入/元	居民消费水平
1995	0.006 125	10.54	77.124 63	2.428 437	5 177.744	36 698.3	1 752
1996	0.005 744	14.02	77.843 92	2.097 018	5 326.699	33 947.9	2 199
1997	0.003 72	16.14	73.484 86	1.604 442	4 571.49	31 283.9	2 390
1998	0.002 942	22.02	73.660 62	1.533 648	4 640.098	28 838.1	2 471
1999	0.004 148	24.66	64.964 51	1.237 526	3 978.076	26 570.2	2 594
2000	0.005 419	28.68	61.107 79	1.097 782	3 898.762	24 352	3 034
2001	0.006 257	29.39	68.276 26	1.119 388	4 289.383	21 318.8	3 242
2002	0.006 314	32.34	66.354 22	1.111 62	4 614.935	18 844.1	3 366
2003	0.006 457	36.93	68.284 06	1.118 861	5 213.881	16 565.7	3 729
2004	0.006 566	40.83	67.494 81	1.132 932	6 391.932	15 084.3	4 355
2005	0.006 75	41.74	70.734 79	1.337 94	8 825.183	13 821.2	4 952
2006	0.006 974	45.53	71.777 84	1.221 638	9 392.771	12 293.5	5 508
2007	0.007 792	46.08	71.042 14	1.094 697	10 333.5	10 504.7	6 254
2008	0.009 754	47.7	71.207 12	0.882 807	10 200.84	9 524	7 152
2009	0.011 754	44.04	71.534 23	0.822 052	10 735.74	8 617.5	7 929
2010	0.011 632	40.09	70.951 17	0.710 798	11 399.75	7 674.2	8 922
2011	0.011 857	35.39	72.549 75	0.651 019	12 805.26	6 958.6	105 47
2012	0.012 985	42.24	68.086 22	0.572 236	12 677.46	6 780.6	117 40
2013	0.013 282	77.21	65.211 82	0.499 319	12 294.07	6 218.7	129 20
2014	0.013 608	97.93	65.130 99	0.442 116	11 953.63	5 815.4	14 384
2015	0.014 278	105.06	63.016 76	0.436 985	12 629.84	5 434.3	162 89
2016	0.014 86	105.63	64.001 83	0.404 79	12 771.69	5 209.7	174 90
2017	0.016 769	203.19	68.067 59	0.383 958	13 017.32	5 052.1	19 418
2018	0.018 072	281.61	66.035 4	0.367 43	13 383.92	4 699.2	21 197

4.3.1.2 数据处理

本节进行因子分析的指标中各指标数据量纲不一致，如城镇化率、产业结构、能源消费结构为百分比数据，而人均 GDP、城镇人均可支配收入、能源强度为平均数据，能源消费、GDP 为总量数据，为此进行了标准化处理，标准化处理后的数据如表4-2所示。

表4-2　　1995—2018 年湖南省碳排放影响因素指标标准化数据

年份	人均 GDP	GDP	第二产业占比	常住人口	城镇化率	专利授权数
1995	−1.01	−0.99	−1.18	−1.09	−1.49	−0.80
1996	−0.97	−0.96	−1.16	−0.88	−1.34	−0.82
1997	−0.95	−0.93	−1.06	−0.66	−1.24	−0.81
1998	−0.93	−0.91	−0.95	−0.45	−1.17	−0.79
1999	−0.91	−0.90	−0.95	−0.27	−1.10	−0.73
2000	−0.89	−0.87	−1.11	−0.09	−1.01	−0.73
2001	−0.86	−0.84	−1.00	0.11	−0.87	−0.74
2002	−0.83	−0.82	−1.04	0.30	−0.72	−0.74
2003	−0.79	−0.77	−0.72	0.50	−0.57	−0.69
2004	−0.71	−0.69	−0.54	0.70	−0.42	−0.68
2005	−0.59	−0.60	−0.36	−1.48	−0.27	−0.65
2006	−0.48	−0.51	0.05	−1.39	−0.09	−0.51
2007	−0.32	−0.35	0.25	−1.31	0.10	−0.51
2008	−0.13	−0.17	0.62	−1.16	0.27	−0.48
2009	0.01	−0.04	0.66	−1.01	0.38	−0.33
2010	0.25	0.22	1.19	−0.05	0.40	0.07
2011	0.57	0.54	1.64	0.11	0.58	0.22
2012	0.78	0.75	1.62	0.36	0.75	0.72
2013	0.99	0.97	1.53	0.66	0.89	0.80
2014	1.19	1.18	1.37	0.93	1.02	0.96
2015	1.34	1.34	0.98	1.20	1.19	1.48
2016	1.55	1.57	0.44	1.43	1.39	1.48
2017	1.74	1.78	0.09	1.66	1.59	1.75
2018	1.94	2.00	−0.36	1.89	1.73	2.53

表 4-2（续）

年份	R&D强度	技术市场成交	煤炭消费占比	能源强度	能源消费总量	城镇居民可支配收入	居民消费水平
1995	-0.74	-0.81	1.89	2.64	-0.99	2.11	-1.05
1996	-0.82	-0.75	2.06	2.02	-0.95	1.84	-0.98
1997	-1.29	-0.72	1.03	1.10	-1.16	1.58	-0.94
1998	-1.46	-0.62	1.07	0.97	-1.14	1.34	-0.93
1999	-1.19	-0.58	-0.97	0.42	-1.32	1.12	-0.91
2000	-0.90	-0.52	-1.87	0.16	-1.35	0.91	-0.84
2001	-0.71	-0.51	-0.19	0.20	-1.24	0.61	-0.80
2002	-0.69	-0.46	-0.64	0.18	-1.15	0.37	-0.78
2003	-0.66	-0.39	-0.19	0.20	-0.98	0.14	-0.72
2004	-0.63	-0.32	-0.37	0.22	-0.66	0.00	-0.62
2005	-0.59	-0.31	0.39	0.61	0.01	-0.12	-0.52
2006	-0.54	-0.25	0.63	0.39	0.17	-0.27	-0.43
2007	-0.35	-0.24	0.46	0.15	0.43	-0.45	-0.30
2008	0.10	-0.22	0.50	-0.24	0.39	-0.54	-0.15
2009	0.55	-0.27	0.58	-0.36	0.54	-0.63	-0.02
2010	0.53	-0.34	0.44	-0.56	0.73	-0.73	0.14
2011	0.58	-0.41	0.81	-0.67	1.11	-0.80	0.41
2012	0.84	-0.30	-0.23	-0.82	1.08	-0.81	0.61
2013	0.90	0.25	-0.91	-0.96	0.97	-0.87	0.80
2014	0.98	0.58	-0.93	-1.06	0.88	-0.91	1.05
2015	1.13	0.70	-1.42	-1.07	1.07	-0.94	1.36
2016	1.27	0.71	-1.19	-1.13	1.10	-0.97	1.56
2017	1.70	2.26	-0.24	-1.17	1.17	-0.98	1.88
2018	2.00	3.51	-0.71	-1.20	1.27	-1.02	2.18

4.3.2 实证分析

4.3.2.1 KMO 和 Bartlett 检验

因子分析是从一系列具有较高相关度的原始变量矩阵中提取少数几个不相关的因子，如果原始变量之间不存在相关性则没有必要进行因子分析，因此需要进行 KMO 和 Bartlett 检验。各指标之间的相关系数见表 4-3，KMO 和 Bartlett 检验结果见表 4-4。表 4-3 的相关矩阵显示变量之间均存在不同程度的相关关系，除了煤炭总人口和第二产业占比相关系数较低外，其他指标间相关系数均大于 0.4，大部分指标间相关系数在 0.5 以上。

表 4-3　　　　　　影响湖南省碳排放多因素指标相关矩阵

指标	第二产业占比	总人口	城市化率	专利授权数	R&D支出	煤炭消费占比	能源强度	城镇人均可支配收入	人均GDP
第二产业占比	1.00	0.25	0.76	0.54	0.55	-0.20	-0.72	-0.81	0.69
总人口	0.25	1.00	0.63	0.79	0.77	-0.65	-0.68	-0.48	0.73
城镇化率	0.76	0.63	1.00	0.91	0.92	-0.45	-0.90	-0.93	0.96
专利授权数	0.54	0.79	0.91	1.00	0.99	-0.47	-0.77	-0.72	0.98
R&D支出	0.55	0.77	0.92	0.99	1.00	-0.43	-0.78	-0.73	0.98
煤炭消费占比	-0.20	-0.65	-0.45	-0.47	-0.43	1.00	0.69	0.48	-0.44
能源强度	-0.72	-0.68	-0.90	-0.77	-0.78	0.69	1.00	0.92	-0.84
城镇人均可支配收入	-0.81	-0.48	-0.93	-0.72	-0.73	0.48	0.92	1.00	-0.81
人均GDP	0.69	0.73	0.96	0.98	0.98	-0.44	-0.84	-0.81	1.00

表 4-4 显示 KMO 值为 0.720，具有较强的相关性，数据适合做因子分析。Bartlett 检验的假设意味着所选数据间具有独立性，Sig. 值为 0.000 明显低于显著性水平 0.05，所以拒绝原假设，说明变量之间的相关性非常强，所选取的数据适合做因子分析。

表 4-4　　　　　影响湖南省碳排放多因素的 KMO 和 Bartlett 检验结果

取样足够度的 Kaiser-Meyer-Olkin 度量		0.720
Bartlett 的球形度检验	近似卡方	471.919
	df	36
	Sig.	0.000

4.3.2.2　提取公因子方差

采用主成分分析法提取主成分列表见表 4-5，由湖南省多个碳排放影响因素指标构成的原始数据最终被提取了 4 个因子，结果显示前 4 个主成分特征值较大，累计贡献率达到了 96.31%，所提取的 4 个因子描述了原变量总方差的 95% 以上，4 个公共因子折射了原始变量所包含的绝大部分信息，故选择 4 个公共因子。

表 4-5　　　　　　　影响湖南省碳排放多因素的主成分列表

成分	初始特征值			提取平方和载入		
	合计	方差的百分比	累积百分比	合计	方差的百分比	累积百分比
1	7.548	75.480	75.480	7.548	75.480	75.480
2	1.318	13.179	88.660	1.318	13.179	88.660
3	0.765	7.651	96.311	0.765	7.651	96.311
4	0.185	1.854	98.165	0.185	1.854	98.165
5	0.134	1.340	99.506			
6	0.038	0.376	99.882			
7	0.007	0.065	99.948			
8	0.003	0.035	99.982			
9	0.001	0.012	99.995			

通过提取的主成分完整地描述变量，比较公因子方差的初始值和所提取的值，比较结果见表 4-6，结果显示提取的公因子方差全部大于 0.95，其中最小值为 0.964，可见所提取的主因子能够很详细地描述所有变量。

表 4-6　　　　　　　影响湖南省碳排放多因素的公因子方差对比

指标名称	初始	提取
第二产业占比	1.000	0.992
总人口	1.000	0.976
城镇化率	1.000	0.996
专利授权数	1.000	0.988
R&D 支出	1.000	0.995
煤炭消费占比	1.000	0.967
能源强度	1.000	0.964
城镇人均可支配收入	1.000	0.961
人均 GDP	1.000	0.984

注：提取方法为主成分分析。

4.3.2.3　因子载荷及因子旋转

因子分析的首要步骤是确定因子载荷，因子载荷矩阵的估计方法有极大似然法、主成分法、迭代主成分法和最小二乘法等，本小节采取主成分法确定因子载荷，因子载荷矩阵估计结果见表 4-7。

表 4-7　　　　　　影响湖南省碳排放多因素的因子载荷矩阵

指标名称	成分			
	公因子 1 上的载荷	公因子 2 上的载荷	公因子 3 上的载荷	公因子 4 上的载荷
第二产业占比	0.975	0.010	0.204	−0.004
总人口	0.727	−0.593	0.170	0.258
城镇化率	0.984	0.121	0.033	−0.105
专利授权数	0.933	−0.140	0.312	−0.043
R&D 支出	0.936	−0.106	0.324	−0.059
煤炭消费占比	−0.548	0.647	0.491	0.083
能源强度	−0.929	0.085	0.306	0.000
城镇人均 可支配收入	−0.906	−0.216	0.284	0.112
人均 GDP	0.749	0.521	−0.267	0.283
提取方法：主成分				
已提取了 4 个成分				

表 4-7 显示因子 1 中城镇化率和第二产业占比因子载荷最大，分别为 0.984 和 0.975，反映经济发展情况；因子 3 中煤炭消费占比和能源强度因子载荷相对较大，分别为 0.491 和 0.306，反映能源消费情况；因子 4 中总人口和人均 GDP 两个指标因子载荷排在前列，分别为 0.258 和 0.283，反映人口及收入情况。

因子载荷分析显示部分变量的载荷并不明确，因此进行因子旋转以得到更加明确的因子模式。将 4 个公共因子采用方差最大化的正交旋转方法，获取旋转后的载荷矩阵以得到更准确的结果，运用 Kaiser 标准化的正交旋转法进行分析，旋转在 6 次迭代后收敛，最终得出旋转后的结果见表 4-8。

表 4-8 影响湖南省碳排放多因素的因子分析旋转后的结果

指标类型	指标名称	公因子 1 上的载荷	公因子 2 上的载荷	公因子 3 上的载荷	公因子 4 上的载荷
TPF	湖南省碳排放	0.557	0.815	0.013	0.138
经济发展因子	人均 GDP	0.180	0.960	−0.045	0.166
	第二产业占比	0.801	0.551	−0.216	−0.017
	城镇化率	0.668	0.681	−0.254	−0.143
技术因子	专利授权数	0.886	0.380	−0.242	−0.025
	R&D 支出	0.889	0.398	−0.213	−0.045
能源因子	煤炭消费占比	−0.202	−0.109	0.956	0.015
	能源强度	−0.443	−0.658	0.578	0.022
人口因子	总人口	0.744	0.051	−0.551	0.341
	城镇人均可支配收入	−0.433	−0.793	0.315	0.221
提取方法：主成分 旋转在 6 次迭代后收敛					

从表 4-8 旋转后的各公因子的载荷可以看出各因子所代表的的意义更明确：代表经济发展因素的人均 GDP、产业结构、城镇化率和城镇人均可支配收入在公因子 2 上有较高的载荷，可称公因子 2 为经济发展因子，同时也表明湖南省碳排放量的变化和经济发展水平、产业结构、城乡结构以及平均收入水平的变动具有较高的相关性。代表技术投入产出水平的两项指标专利授权数和 R&D 支出在公因子 1 上具有较高的载荷，可称公因子 1 为技术因子；表示能源消费情况的能源强度和煤炭消费占比在公因子 3 上的载荷都是最大的，公因子 3 可称为能源因

子；总人口在公因子4的载荷最大，公因子4可称为人口因子。

本章主要探讨影响湖南碳排放的多因素，通过观察发现碳排放在各公因子的载荷分别为0.557、0.815、0.013和0.138，可见代表经济发展和技术水平变动的公共因子F1和F2对于湖南省碳排放的解释能力最强，其次是人口因子，能源因子的解释能力较弱，这可能源于湖南省能源消费结构较为稳定，因此对碳排放的影响并不显著。

4.3.2.4 因子得分

获得稳定的因子旋转结果后，进一步分析因子得分序列，以考察影响湖南省碳排放的各公共因子的波动特征，采用回归法计算4个公共因子的因子得分，对应的因子得分系数矩阵见表4-9。

表4-9   影响湖南省碳排放多因素的因子得分对应的系数矩阵

指标名称	公因子1	公因子2	公因子3	公因子4
第二产业占比	0.271	−0.019	0.121	−0.013
总人口	0.247	−0.123	−0.110	1.451
城镇化率	0.130	0.047	0.002	−0.576
专利授权数	0.404	−0.180	0.114	−0.196
R&D 支出	0.414	−0.180	0.136	−0.280
煤炭消费占比	0.242	0.087	0.797	0.396
能源强度	0.175	−0.192	0.335	0.012
城镇人均可支配收入	0.178	−0.243	0.200	0.641
人均GDP	−0.362	0.667	0.140	1.422
第二产业占比	0.081	0.207	0.215	−0.344
提取方法：主成分法 旋转法：具有 Kaiser 标准化的正交旋转法				

因子得分计算即是把公共因子表示为原始变量的线性组合，对每个样本计算公共因子的估计值即因子得分，因子得分可以作为进一步分析的数据。上述对影响湖南省碳排放的多因素分析发现，碳排放主要依赖两个因子——经济发展和技术水平。实际上我们可以通过因子得分去分析这两个因子在每一年对湖南省碳排放变动的解释能力，动态分析各因子的影响。这就需要计算具体年份各公共因子的得分，用表4-9中各公因子对应的得分系数分别乘以各变量标准化后的序列即得到各公因子对应的得分序列，计算式如下

$$\hat{F}_i = \alpha_1 \times Z_1 + \alpha_2 \times Z_2 + \cdots + \alpha_m \times Z_m \qquad (4-3)$$

式中，$\hat{F}_i$ 为公共因子 i 的因子得分，Z_1，Z_2，$\cdots$，Z_m 为 m 个原始变量指标标准化后的序列。

根据式 4-3 计算影响湖南碳排放多因素的公共因子的因子得分结果如图 4-2 所示。上述实证分析结果显示经济发展因子对碳排放的解释能力最强，图 4-2（b）显示：经济发展公因子与湖南省碳排放具有非常相似的波动，在碳排放的上升期，经济发展因子都有较高得分，在 2011 年经济发展公因子得分达到最高点，可见 2011 年湖南省碳排放快速增加达到阶段高点，经济发展推动的影响比较大。图 4-2（a）显示：技术因子对湖南省碳排放具有较强的解释能力，2008—2018 年，技术因子得分较为快速地上升，可见 2008 年后湖南省碳排放增速放缓并保持平稳和加大技术投入的关系较大，技术的高投入提高了能源使用效率，在实现经济增长的同时降低了碳排放。图 4-4（c）显示：人口因子对湖南省碳排放的解释能力弱于经济因子和技术因子，2005 年前人口因子得分波动和碳排放较为一致，2011 年后人口因子得分波动和碳排放背离，说明湖南省碳排放并不是主要受人口因素的影响。图 4-2（d）显示：能源因子对湖南省的碳排放解释能力最弱，得分波动和碳排放波动完全背离。

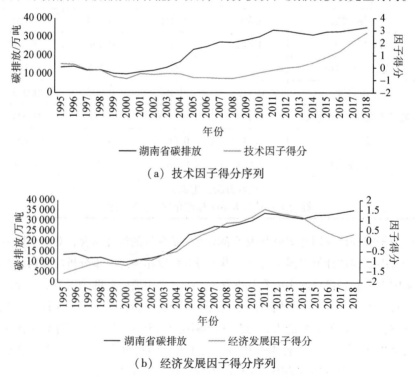

（a）技术因子得分序列

（b）经济发展因子得分序列

（c）人口因子得分序列

（d）能源因子得分序列

图 4-2 各公共因子得分序列

4.3.3 结果启示

因子分析模型估计结果显示，经济发展因子和技术因子对碳排放有显著的影响，经济发展现阶段对湖南省碳排放有显著的正向影响，而技术因素对湖南省碳排放具有抑制作用，而人口因子和能源因子对碳排放变动的影响不够显著。这说明未来湖南要做好碳减排工作一定要处理好经济发展跟碳减排的关系，想要实现经济发展和碳减排的双重目标，必须加大技术创新投入，通过技术创新提高能源使用效率，在降低碳排放的同时确保经济增长和经济发展，最终实现湖南的绿色可持续发展目标。

5 湖南省碳排放及其影响因素的动态实证分析

随着社会经济的发展，温室气体的大量排放已引起严重的气候变化，低碳经济在国际上受到越来越多的关注。绿色低碳发展成为各地区的首选发展模式，绿色低碳发展的首要目标之一是实现低碳排放，为更好地制定碳减排策略，研究影响碳排放的主要因素尤为关键。

在经济新常态背景下建设绿色湖南，实现低碳发展，就要求从传统经济发展模式向高效低碳经济发展模式全面转型。因此深入探讨湖南省碳排放的主要影响因素，并研究分析各影响因素对湖南省碳排放的影响及作用路径，为制定有关碳减排政策和措施提供了理论和现实依据，意义重大。本章利用协整研究等计量研究方法对湖南省碳排放与其诸多影响因素之间的关系进行了实证研究，以检验和测度湖南省碳排放和其诸多影响因素之间是否存在协整关系，以期得出两者之间相互作用的路径及机理。

5.1 研究方法和基本原理

5.1.1 STIRPAT 模型的基本原理

在碳排放及碳减排方面国内外学者已经进行了大量富有成效的研究，其中最具有代表性的研究成果为基于 IPAT 方程的驱动力分析。Ehrlich（1970）等提出了 IPAT 方程：

$$I = PAT \tag{5-1}$$

其中，I 表示环境压力，P 表示人口数量，A 表示财富因素，T 表示技术。从 $IPAT$ 模型可以看出 P、A、T 与 I 成等比例关系，而实际上这些因素并非等比

例影响 I，这也成为该模型最大的局限。为了克服该模型的不足，Dietz 等（1997）建立了 IPAT 方程的随机模型——STIRPAT 模型：

$$I = aP^b A^c T^d e \qquad (5-2)$$

其中，a 为模型的系数，b，c，d 为各自变量指数，e 为误差。STIRPAT 模型是可拓展的随机性的环境影响评估模型，把人口、财富、技术这三个自变量和环境压力这一因变量之间的关系统一于一个式子研究它们之间的相互影响关系。I、P、A、T 分别表示环境压力、人口、财富和技术；a 代表的是模型系数；b、c、d 分别是指人口、财富和技术这三大因素的系数指数；e 为模型误差。如 $a=b=c=d=e=1$，即说明各大影响因素是等比例设定，此时 STIRPAT 模型还原成 IPAT 方程。

对式 5-2 两边做对数处理得到如下等式：

$$\ln I = \ln a + b\ln P + c\ln A + d\ln T + \ln e \qquad (5-3)$$

方程的回归系数反映的是因变量与自变量之间的弹性关系，即维持其他自变量不变时，某自变量变化 1% 所引起的因变量变化百分比。

STIRPAT 模型允许分解因素，其优势在于可把人口、财富和技术三个影响因素进行细分，可根据研究目的将相关变量添加到原始模型中。

5.1.2　时间序列及平稳性

5.1.2.1　时间序列的概念

假定某个时间序列由某一随机过程生成，即假定时间序列 $\{X_t\}$（$t=1$，2，…）的每一个数值都是从一个概率分布中随机得到的。时间序列 $\{X_t\}$ 是指一串按发生时间不同，依前后次序排列而成的非任意数列，其中时间变量 t 指代相等的整数变量。通常依据时间序列来分析社会经济的发展变化过程，并探究事物的发展规律，综合运用历史数据对经济现象进行分析、解释和预测，如湖南省 2001—2018 年的碳排放量就是一个典型的时间序列数据。

研究经济问题时，有些时间序列是平稳的，即序列的统计特征不随时间的推移而产生变更，也就是说通过样本时间序列得到的拟合曲线可以在下一个周期中沿着惯性的形式继续下去。然而实际研究中有的时间序列并不平稳，但是为捕捉数据背后的规律，往往要求时间序列是平稳的。建立经济计量模型的主要目的是解释和预测，实施经济计量和预测的基本思路是基于随机变量的历史和现状来推测其未来，这就需要假设随机变量的历史和现状具有代表性或可延续性，也就是说随机变量的基本特性必须能在包括未来阶段的一个长时期里维持不变。

平稳性就是要求经由样本时间序列所得到的拟合曲线在未来的一段期间内仍能顺着现有的形态惯性地延续下去；如果数据非平稳，则说明样本拟合曲线的形态不具有惯性延续的特点，也就是基于未来将要获得的样本时间序列所拟合出来的曲线将迥异于当前的样本拟合曲线。显而易见，时间序列平稳是经典回归分析赖以实施的基本假设；只有基于平稳时间序列的预测才是有效的。如果数据非平稳，则作为大样本下统计推断基础的"一致性"要求便被破坏，基于非平稳时间序列的预测也就失效，导致伪回归。

5.1.2.2 平稳性检验

判定一个随机的时间序列是否平稳，大致可通过观察该序列的时间趋势图来推断。平稳的时间序列趋势线围绕均值不断上下波动，非平稳的时间序列趋势线随着时间的不同均值也不相同，会出现持续上升或下降。平稳性检验通常采取单位根检验，单位根检验通过检测时间序列是否包含单位根来判断序列平稳性，非平稳的时间序列含有单位根，平稳时间序列不含单位根。一般在经济系统中，一个非平稳的时间序列通常可通过差分变换的方法转换成为平稳序列。常用的单位根检验方法主要有 DF 检验和 ADF 检验等。

DF 检验的原理是：对于一个序列 $\{y_t\}$ 的数据生成过程 AR（1）模型：

$$y_t = \rho y_{t-1} + \mu_t, \ y_0 = 0, \ \mu_i \sim \text{i.i.d.} \ (0, \ \sigma_\mu^2), \ t = 1, \ 2, \ \cdots, \ T$$

$$(5-4)$$

想检验序列 $\{y_t\}$ 是否存在单位根，需原假设 $\rho = 1$ 相对于备择假设 $\rho < 1$ 是被接受还是被拒绝。接受则代表序列不平稳，存在单位根；拒绝则代表序列平稳，不存在单位根。通常在检验过程中，把式 5-4 变换为：$y_t = \varnothing y_{t-i} + \mu_i$，其中 $\varnothing = \rho - 1$，则假设检验就等同于以下检验：$H_0: \ \varnothing = 0$，$H_1: \ \varnothing < 1$。DF 检验涉及不同状况下的单位根检验模型：均值为零的平稳序列为 $y_t = \varnothing y_{t-i} + \mu_i$，均值不为零的平稳序列为 $y_t = c + \varnothing y_{t-i} + \mu_i$，含有时间 t 的趋势平稳序列为 $y_t = c + \gamma t + \varnothing y_{t-i} + \mu_i$，三种情况对应的假设均是指待检验序列为含有单位根的随机游走序列。

ADF 检验通过增加变量的滞后项消除残差之间的自相关。因为数据的生成过程是极其细碎而繁杂的，如果把数据序列用一阶自回归模型来拟合的话，往往会出现残差之间具有自相关性的结果，所以，我们应当对数据序列采用高阶自回归模型表示，将它的随机自相关性进行消除，以排除干扰来确定它是一个白噪声序列。当序列 $\{y_t\}$ 服从一个 AR（p）过程：

$$\Delta y_t = \sum_{i=1}^{p} \rho_i y_{t-i} + \mu_i \qquad (5-5)$$

则用于单位根检验的模型有以下三种：

$$A: \Delta y_t = \varnothing \, y_{t-i} + \sum_{i=1}^{p-1} r_i \Delta y_{t-i} + \mu_i \qquad (5-6)$$

$$B: \Delta y_t = c + \varnothing \, y_{t-i} + \sum_{i=1}^{p-1} r_i \Delta y_{t-i} + \mu_i \qquad (5-7)$$

$$C: \Delta y_t = c + \gamma t + \varnothing \, y_{t-i} + \sum_{i=1}^{p-1} r_i \Delta y_{t-i} + \mu_i \qquad (5-8)$$

其中，$\varnothing = \rho - 1$，令 $\alpha = \sum_{i=1}^{p-1} \rho_i - 1$，则原假设检验等价于以下检验：

$$H_0: \alpha = 0, \quad H_1: \alpha = 1$$

综上可以看出：DF 检验为 ADF 检验的一种特殊形式，仅仅在 AR（1）中适用；而 ADF 检验则是 DF 检验的扩展，对于大范围的数据生成尤其合适。

Phillips 和 Perron（1988）提出一种非参数方法来检验一阶自回归过程的平稳性，简称"PP 检验"，在某种意义上，PP 检验相当于异方差稳健的 ADF 检验，且 PP 检验不必制定差分滞后项的滞后阶数。

但 DF 和检验、ADF 检验和 PP 检验的共同缺点是检验的功效较低，尤其当样本容量不大或真实模型接近于单位根时，对于含有时间趋势的退势平稳序列的检验是失效的。Elliott，Rothenberg 和 Stock（1996）提出了 DF-GLS 检验，一种基于 GLS 方法的退势 DF 检验。KPSS 检验则是从待检验的序列中剔除截距项和趋势项的序列来构造 LM 统计量，改检验为右侧检验；而 ERS 检验则是在被检验序列的拟差分序列回归基础上构造统计量进行检验，为左侧检验；NP 检验基于被检验序列的广义最小二乘退势序列构造 4 个统计量检验序列平稳性，上述这些检验方法应用并不广泛，因此具体原理和步骤不进行详细阐述，详见高铁梅（2012）《计量经济分析方法与建模》。

5.1.3 协整分析的基本理论和步骤

非平稳时间序列易导致伪回归，为防止伪回归发生，通常通过对非平稳时间序列进行差分后再用差分序列对其进行模型的设定，但一阶差分后变量的经济含义与原序列并不相同。协整分析是多变量非平稳时间序列分析的一种科学有效方法，其基本思想为：如果多个单位根序列有"共同的随机趋势"，则可对这些变量做线性组合而消去此随机趋势。

5.1.3.1 协整关系的概念

协整关系主要是指在分析经济问题时，分析两个或者两个以上的非平稳序列间是否具有长期均衡关系，并利用时间序列的某种线性组合的矩不变的特性来解释变量之间存在的平衡关系。可定义为，对于 m 维向量时间序列 $\{X_t\}$，如果 $\{X_t\}$ 的分量序列为 $I(d)$，且存在一个向量 $\alpha \neq 0$，使得 $b > 0$，那么就称

$\{X_t\}$ 的分量序列具有 (d, b) 阶协整关系，并将其以 $x_t \sim CI (d, b)$ 表示。其中，$\{X_t\}$ 的每个分量序列都是单整序列，且检验结果的协整向量为 α。

当 $m = 2$ 时，向量时间序列 $\{X_t\}$ 中仅有一个协整关系存在；然而当 $m > 2$ 时，协整向量 α 有多个，此时，假如有 r 个协整向量是线性独立的，把 r 个向量排列起来，变成一个 $m \times r$ 维的协整关系矩阵 α，矩阵的秩就是协整的秩。

5.1.3.2　协整检验方法

非平稳时间序列的协整检验方法主要有 EG−ADF 法和 Johansen 法，EG−ADF 法最多只能判断多个变量存在一个协整关系的情形，Johansen 法适合多变量的协整分析。

Engle 和 Granger（1987）提出 EG 两步法，常用于单一方程协整关系检验，原假设为 $\{y_t, x_t\}$ 存在协整关系，且协整系数为 $\{1, -\theta\}$，则 $\{Z \equiv y_t - \theta x_t\}$ 为平稳过程。

如果 θ 已知，可用 ADF 检验来确定 $\{Z_t\}$ 是否平稳。如果接受"$\{Z_t\}$ 为平稳"，则认为 $\{y_t, x_t\}$ 存在协整关系。通常 θ 未知，因此分两步进行：

第一步，用 OLS 估计协整系数 θ，即 $y_t = ? + \theta x_t + z_t$；

第二步对残差序列 $\{\hat{z}_t \equiv y_t - \emptyset - \hat{\theta}x_t\}$ 进行 ADF 检验，确定其是否平稳，由于协整系数 $\hat{\theta}$ 是估计出来的，不一定是真实的协整系数，故 EG−ADF 统计量的临界值与普通的 ADF 检验不同，如果检验结果认为 $\{\hat{z}_t\}$ 平稳，则接受"$\{y_t, x_t\}$ 存在协整关系"的原假设。

协整关系"$y_t = \emptyset + \theta x_t$"为 $\{y_t, x_t\}$ 之间的长期均衡关系。

EG−ADF 方法基于回归的残差序列进行检验，不能处理同时存在多个协整关系的情形，由于分两步进行，第一步估计的误差会被带到第二步中，故不是最有效率的方法。更有效率的方法是 Johansen 协整检验法，该方法基于回归系数进行协整检验，以 VAR 模型为基础检验回归系数，是进行多变量协整检验较好的方法，主要通过对非零特征根个数的检验来检验协整关系和协整向量的秩，略去关于整个 Johansen 协整检验原理的阐述，详见高铁梅（2012）《计量经济分析方法与建模》。

5.1.3.3　向量自回归模型（VAR）

传统的经济计量方法描述变量关系的模型是以经济理论为基础的，但经济理论通常不足以对变量之间的动态联系提供一个严密的说明，而且内生变量既可以出现在方程的左端，又可以出现在方程的右端，使得估计和推断变得更加复杂，因此出现了非结构性方法建立各个变量之间的关系模型。VAR 模型即是分结构化的多方程模型。

经济系统动态性分析通常涉及多个相关的经济指标的分析与预测，1980年西姆斯将向量自回归模型引入经济学，VAR 模型将系统中每个内生变量作为系统中所有内生变量滞后值的函数来构造模型，将单变量自回归模型推广到由多元时间序列变量组成的向量自回归模型，常用于预测相互联系的时间序列系统及分析随机扰动对变量系统的动态冲击，解释各种经济冲击对经济变量造成的影响，传统的 VAR 理论要求模型中每个变量是平稳的，非平稳序列需要进行差分处理后再构建 VAR 模型，但差分后会损失水平序列所包含的信息。随着协整理论的发展，对于非平稳时间序列，只要各变量之间存在协整关系即可直接建立 VAR 模型。

5.1.3.4 误差修正模型（ECM）

Davidson、Hendry、Srba 和 Yeo 于 1978 年提出误差修正模型的基本模式。传统的经济模型通常描述的是变量之间的长期均衡关系，然而实际上经济数据却是由非均衡过程生成的，这意味着当相关变量间具有长期的均衡关系时，其短期变动则是对长期关系做出一些局部调整，而 ECM 便恰好体现了这种思想。

最常用的 ECM 模型的估计方法是恩格尔和格兰杰（1981）提出的两步法，基本原理如下：

第一步协整回归，求模型 $y_t = k_0 + k_1 x_t + \mu_t$，$t = 1$，2，$\cdots$，$T$ 的 OLS 估计，得到 $\hat{k}_0$，$\hat{k}_1$ 和 $\hat{\mu}$，并且采用 AEG 方法检验是否平稳。$\hat{\mu}_t = y_t - \hat{k}_0 - \hat{k}_1 x_t$，$t = 1$，2，$\cdots$，$T$；

第二步，如果 $\hat{\mu}$ 是平稳的，用 $\hat{\mu}_{t-1}$ 替换上式中的 $y_t - \hat{k}_0 - \hat{k}_1 x_t$，得到

$$\Delta y_t = \beta_0 + \alpha \hat{\mu}_{t-1} + \beta_2 \Delta x_t + \in_t \qquad (5-9)$$

再用 OLS 方法估计上式参数。

ECM 模型不再单纯地使用变量的水平值或变量的差分建模，二是把两者结合，充分利用这两者所提供的信息。短期看，被解释变量的变动是由比较平稳的长期趋势和短期波动所决定的，短期内系统对于均衡状态的偏离程度的大小直接导致波动振幅的大小。

5.1.3.5 格兰杰因果检验

在经济变量中有一些变量显著相关，但不一定有意义，为确定因果关系究竟是从 x 到 y 还是从 y 到 x 抑或是双向因果关系，格兰杰于 1969 年提出了一个判断因果关系的检验，称为格兰杰因果检验。

需要指出的是，格兰杰因果关系并不是真正意义上的因果关系，更多揭示的是动态相关关系，反映的是一个变量是否对另一个变量有预测能力，是因果关系的必要条件，实证研究中最有说服力的因果关系是随机试验和控制试验。

此外格兰杰因果检验仅适用于平稳时间序列或是有协整关系的单位根过程，不存在协整关系的单位根过程需要进行差分得到平稳序列后再进行格兰杰因果检验。

5.1.3.6 脉冲响应函数和方差分解

用时间序列来分析影响关系的思路是考虑扰动项的影响是如何传播到各变量的。脉冲响应函数法就是分析当一个误差项发生变化时或者说模型受到某种冲击时对系统的动态影响，而脉冲响应函数描述的是 VAR 模型中一个内生变量的冲击给其他内生变量所带来的影响，主要观察随着时间的推移各变量对冲击的反应，可以非常细致地反映变量之间的影响关系。

1980 年 Sims 提出方差分解方法，通过分析每一个结构冲击对内生变量变化的贡献度评价不同结构冲击的重要性，其中贡献度通常用方差来度量，方差分解可以定量地说明变量间的影响关系，但没有脉冲响应函数那么细致。

5.2 实证分析过程及结果

协整检验和误差修正模型是解释变量间长期均衡关系与短期互动影响的有效方法。本小节分析了湖南省碳排放及其影响因素间是否具有长期均衡关系，由于涉及多个变量的协整分析，因此采用 Johansen 方法。为反映湖南省碳排放及其影响因素间短期动态互动关系，本书在协整检验的基础上运用最小二乘法估计误差修正模型。通过协整检验无法验证湖南省碳排放及其影响因素间是否互为因果关系，运用格兰杰因果分析来进一步验证，以便分析湖南省碳排放及其影响因素间的相互作用机制和影响机理。

5.2.1 变量选取和数据说明

一个地区的经济发展水平、能源消费结构、人口规模及结构、产业结构等因素都决定着碳排放量的多少。为研究湖南碳排放的影响因素，本节选取的被解释变量为湖南省碳排放总量，解释变量为湖南的经济发展水平、能源消费结构、人口规模和产业结构 4 个变量。具体指标含义和计算方法见表 5-1。

表 5-1　　　　　　　　　　选取变量的描述

类型	变量	含义及计算
被解释变量	碳排放总量 Y	二氧化碳排放总量
解释变量	经济发展水平 X_1	人均 GDP
	能源消费结构 X_2	煤炭消费占能源消费比重
	人口规模 X_3	人口总数
	产业结构 X_4	第二产业增加值占 GDP 比重

被解释变量碳排放量在统计年鉴中未直接给出,选取湖南 1995 年至 2018 年的统计数据,采用 IPCC 公布的碳排放计算公式测算湖南省碳排放量,将各构成要素均折算成标准煤,进而计算二氧化碳的总排放量。不同能源的碳排放系数均根据国家制定的标准碳排放系数计算,各种能源折换成标准煤的系数参考《中国能源统计年鉴》等资料得到。本节使用的其他数据均来源于《中国统计年鉴》《中国能源统计年鉴》、中国资源环境经济人口数据库、历年《长沙统计年鉴》《株洲统计年鉴》《湘潭统计年鉴》《湖南省统计年鉴》,其中人均 GDP 以 1995 年为基期换算为实际人均 GDP。

5.2.2　协整分析

5.2.2.1　ADF 检验

本节对所有的变量数据取其自然对数以避免异方差对分析的影响,运用 Eviews9.0 完成所有实证研究。

协整分析时为测度变量是否满足协整检验的前提条件,先要利用单位根检验序列的平稳性,为避免出现伪回归现象,实践中常用 ADF 检验方法进行单位根检验。检验结果见表 5-2。

表 5-2　　　　　　　　　各序列的 ADF 检验结果

序列	各置信水平下的 T 值			ADF 值	P 值
	1% 置信水平	5% 置信水平	10% 置信水平		
Ln Y	−5.52	−4.11	−3.52	−1.73	0.9891
Ln X_1	−5.84	−4.25	−3.59	−1.53	0.7316
Ln x_2	−5.29	−4.01	−3.46	−1.76	0.6486
Ln x_3	−6.29	−4.45	−3.70	−2.73	0.7645
Ln x_4	−5.84	−4.25	−3.59	−3.23	1

表 5-2 的结果显示，各序列 ADF 检验的 T 值绝对值均小于 1%、5%、10% 水平下的绝对值，且 P 值都大于 0.1，说明检验的各序列具有单位根，是非平稳序列，因此碳排放总量、经济发展水平、能源消费结构、人口规模和产业结构 5 个变量满足进一步协整分析的条件。

5.2.2.2 Johansen 协整检验

最为常用的多个变量协整关系检验法是 Johansen 法，主要通过迹统计量值和最大特征值两个统计量的计算来进行判定。检验结果见表 5-3。

表 5-3　　　　　　　　Johansen 协整检验结果

原假设	迹统计量值的检验结果			最大特征值的检验结果		
	迹统计量值	5% 临界值	P 值	最大特征根	5% 临界值	P 值
没有协整关系	254.46	69.82	0.0000	125.17	33.87	0.0000
至少 1 个协整关系	129.29	47.86	0.0000	60.25	27.58	0.0000
至少 2 个协整关系	69.04	29.79	0.0000	42.54	21.3	0.0000
至少 3 个协整关系	26.49	15.49	0.0008	16.7	14.26	0.0202
至少 4 个协整关系	3.84	9.79	0.3744	3.84	7.89	0.2344

据表 5-3 的迹统计量值检验结果判定，原假设"没有协整关系"的迹统计量值为 254.46，大于 5% 水平的临界值 69.82，拒绝原假设，表明存在协整关系；据上述原理分析，原假设为"至少 4 个协整关系"的迹统计量值为 3.84，小于临界值 9.79，接受原假设，表明碳排放总量、经济发展水平、能源消费结构、人口规模和产业结构 5 个变量存在 4 个协整关系。同样，最大特征根的判断规则和迹统计量值相同，最大特征根检验结果与迹统计量值的检验结果一致，认为碳排放总量与经济发展水平、能源消费结构、人口规模、产业结构之间存在长期均衡关系。

5.2.3　回归分析

5.2.3.1　模型构建

为了研究湖南省碳排放影响因素，本书选取经济发展水平、能源消费结构、人口规模和产业结构 4 个变量进行分析，则模型可变为

$$\ln Y = \ln X_1 + b\ln X_2 + c\ln X_3 + d\ln X_4 + \ln e \qquad (5-10)$$

式中，Y 为碳排放总量；X_1 为经济发展水平，用人均 GDP 表示；X_2 为能源消费结构，用煤炭消费占能源消费比重表示；X_3 为人口规模，用人口总数表示；X_4 为产业结构，第二产业增加值占 GDP 比重表示。本节模型扩展，针对湖南省人口多、工业化程度深的特点，通过模型扩展使得重点影响碳排放的变量得到反映，这样有利于更好地实施减排措施。

5.1.3.2 模型回归估计

为反应经济发展水平、能源消费结构、人口规模、产业结构对碳排放的影响机制和路径，对 5 个对数时间序列做 OLS 最小二乘法估计其协整方程。得到的模型回归结果为式（5-11）：

$$LnY = -1.923 + 0.402\ 1 lnX_1 + 0.839\ 9 lnX_2 + 0.491\ 6 lnX_3 + 0.196\ 7 lnX_4$$

$$(5-11)$$

具体回归估计结果见表 5-4，各回归系数对应的伴随概率均小于 0.05，表明参数估计值是有效的，判定系数为 0.97，取值接近 1，表明回归效果良好。另外从各变量回归系数的取值来看，经济发展水平、能源消费结构、人口规模、产业结构和碳排放之间都呈现正向变动关系，能源消费结构对碳排放影响程度较大，人口规模和经济发展水平的影响程度居中，产业结构对碳排放影响程度相对较小。

表 5-4 协整模型的最小二乘法估计结果

变量	回归系数	伴随概率	判定系数
C	−1.923	0.0000	
LnX_1	0.4021	0.0000	
LnX_2	0.8399	0.0022	0.97
LnX_3	0.4916	0.0042	
LnX_4	0.1967	0.0049	

5.2.4 格兰杰因果检验

协整检验结果只表明湖南碳排放与其经济发展水平、能源消费结构、人口规模、产业结构之间存在长期均衡关系，但湖南碳排放与该地区经济发展水平、能源消费结构、人口规模、产业结构之间是否存在因果关系无法得到验证，因此本书选取 1 阶滞后对碳排放总量与经济发展水平、能源消费结构、人口规模、产业结构的变量数据进行格兰杰因果检验，分析湖南碳排放和其影响因素间是否存在相互作用的机制。格兰杰因果检验结果如表 5-5 所示。

表 5-5   格兰杰因果检验结果

假设	滞后期 1	
	F 值	P 值
LnX_1 不是 LnY 的原因	0.76148	0.3976
LnY 不是 LnX_1 的原因	4.44206	0.0536
LnX_2 不是 LnY 的原因	0.08126	0.7798
LnY 不是 LnX_2 的原因	9.65803	0.0077
LnX_3 不是 LnY 的原因	2.75554	0.1191
LnY 不是 LnX_3 的原因	6.20672	0.0259
LnX_4 不是 LnY 的原因	0.55554	0.4684
LnY 不是 LnX_4 的原因	11.6883	0.0042

表 5-5 的结果显示：滞后期为 1 时，假设 "LnX_1 不是 LnY 的原因" 的 P 值为 0.397 6，大于 0.05，拒绝原假设，说明 "LnX_1 是 LnY 的原因"，即经济发展水平是影响碳排放的原因；假设 "LnY 不是 LnX_1 的原因" 的 P 值为 0.053 6，大于 0.05，拒绝原假设，说明 "LnY 是 LnX_1 的原因"，即碳排放也是影响经济发展水平的原因，碳排放和经济发展之间存在双向作用机制。据此原理分析，滞后期为 1 时，经济发展和碳排放、能源消费结构和碳排放均存在双向的因果关系；人口规模和产业机构同碳排放间同样存在双向互动的因果关系。

综上，本书采取协整分析技术实证研究湖南碳排放的影响因素。通过分析得出湖南的碳排放和该地区的经济发展水平、人口规模、能源消费结构、产业结构间存在长期协整关系；且从长期来看，湖南的碳排放与人均 GDP 之间存在双向作用，经济增长对碳排放量的作用很明显，说明湖南经济的快速增长导致了较多的能源消费和碳排放量，显示当前该地区经济增长方式带有粗放型特征。另外能源消费结构也是湖南碳排放量增加的拉动因子，人口规模也是湖南碳排放的重要影响因素，而产业结构对湖南碳排放影响并不显著。

5.2.5 湖南省碳排放及其影响因素间的驱动响应动态分析

脉冲响应是指一个输入施加一个脉冲函数而引起的时间响应，是经济、能源、人口产业结构等驱动因子与碳排放响应因子的作用过程，是经济、能源和人口因子作用于碳排放而引起碳排放响应，并反作用于经济、能源和人口因子而进一步影响碳排放的过程。因此，建立 VAR 模型对经济、能源、人口和产业结构等因子进行脉冲响应分析，可以揭示各驱动因子和碳排放之间驱动响应过程中交互作用的动态变化。

5.2.5.1 VAR 模型构建

VAR 模型通常用于多变量时间序列系统的预测和描述随机扰动对变量系统的动态影响，通过数据反映变量之间的动态变化，及各变量之间的动态变化规律，一般 k 元 p 阶 VAR 模型式如下：

$$y_t = A_1 y_{t-1} + \cdots + A_p y_{t-p} + \varepsilon_t \qquad (5-12)$$

式中，y_t 是 m 维内生向量变量；A_1，$\cdots$，A_p 是待估计的参数矩阵，内生变量有 p 阶的滞后期；ε_t 是随机扰动项。

上述实证分析结果显示，人均 GDP、产业结构、能源结构、人口规模、碳排放总量均是同阶单整序列，进行对数或差分处理后均是平稳序列，协整检验结果显示 5 个序列之间存在长期均衡关系，格兰杰因果检验显示经济水平、产业结构、能源结构、人口规模和湖南省碳排放量之间存在双向互动关系，因此适宜于建立 VAR 模型。

VAR 模型准确分析的前提是模型的稳定性，因此对 5 个经对数、差分处理后的序列建立 VAR 模型，并检验模型的最佳滞后阶数，并以"＊"标记出依据相应准则选择出来的滞后阶数具体结果见表 5-6。

表 5-6　　　　　　　　VAR 模型滞后阶数判断

Lag	LogL	LR	FPE	AIC	SC	HQ
0	139.8395	NA	1.82E-12	-12.8419	-12.5932	-12.7879
1	251.1109	158.9591	5.34E-16	-21.0582	-19.566	-20.7343
2	298.7466	45.36740*	1.02E-16*	-23.21397*	-20.47831*	-22.62026*

结果显示，有 5 个准则选出来的滞后阶数为 5 阶，超过半数准则认为滞后阶数为 2 阶，可以将 VAR 模型的滞后阶数定义为 2 阶。

此外对上述 5 个时间序列进行 VAR 平稳性检验，结果见表 5-7。

表 5-7　　　　VAR 平稳性检验结果（Table 形式）

Root	Modulus
0.885775-0.052198i	0.887312
0.885775+0.052198i	0.887312
0.684954-0.401465i	0.793937

表5-7（续）

Root	Modulus
0.684954+0.401465i	0.793937
-0.408218-0.641801i	0.760625
-0.408218+0.641801i	0.760625
-0.559284-0.199329i	0.593743
-0.559284+0.199329i	0.593743
0.225730-0.503611i	0.551886
0.225730+0.503611i	0.551886
No root lies outside the unit circle. VAR satisfies the stability condition.	

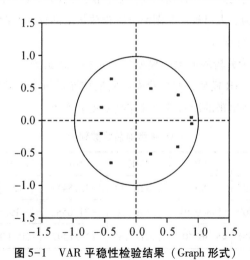

图 5-1 VAR 平稳性检验结果（Graph 形式）

图 5-1 显示，无特征根在单位圆外，序列是平稳的。因此可以建立 VAR 模型，模型滞后阶数为 2 阶，VAR 模型估计结果和模型整体检验结果分别如表 5-8 和表 5-9 所示，表 5-8 显示的是 VAR 模型参数估计结果。VAR 模型中有人均 GDP（AVGDP）、湖南碳排放量（TPF）、能源消费结构（NYJG）、人口规模（ZRK）和产业结构（CYJG）5 个变量，因此有 5 个方程，每个变量第一行为参数估计值，第二行为标准差，第三行为 t 统计量值，从 t 值来看，每个方程仅有 1/3 的滞后项是显著的，但参数是否显著不为零不是 VAR 模型中最关注的，可以保留各个滞后变量。模型整体检验结果中 SC 和 AIC 值较低

且为负数，说明模型稳定。

表 5-8　　　　　　　　　　VAR 模型估计结果

	DLNTPF	LNAVGDP	LNNYJG	LNZRK	DLNCYJG
DLNTPF（-1）	0.322152	0.564415	0.192159	-0.04167	0.218929
	-0.3706	-0.15835	-0.14829	-0.06112	-0.1071
	[0.86928]	[3.56444]	[1.29585]	[-0.68165]	[2.04419]
DLNTPF（-2）	0.385164	0.156979	0.08243	-0.03286	0.004616
	-0.18899	-0.08075	-0.07562	-0.03117	-0.05462
	[2.03797]	[1.94397]	[1.09002]	[-1.05423]	[0.08451]
LNAVGDP（-1）	1.149677	1.058707	1.005867	-0.21759	0.086496
	-0.60451	-0.25829	-0.24188	-0.0997	-0.17469
	[1.90184]	[4.09894]	[4.15852]	[-2.18241]	[0.49513]
LNAVGDP（-2）	-1.22606	-0.05306	-1.03303	0.231747	-0.09712
	-0.6208	-0.26525	-0.2484	-0.10239	-0.1794
	[-1.97497]	[-0.20002]	[-4.15874]	[2.26339]	[-0.54137]
LNNYJG（-1）	-0.69344	-0.62623	0.290897	0.0258	-0.12803
	-0.63884	-0.27296	-0.25562	-0.10536	-0.18462
	[-1.08547]	[-2.29422]	[1.13801]	[0.24487]	[-0.69351]
LNNYJG（-2）	-0.20467	0.598278	0.176286	-0.05781	0.219113
	-0.72429	-0.30947	-0.28981	-0.11946	-0.20931
	[-0.28257]	[1.93324]	[0.60828]	[-0.48393]	[1.04683]
LNZRK（-1）	4.576262	1.460474	1.258157	0.195244	0.179191
	-1.68171	-0.71854	-0.6729	-0.27737	-0.48599
	[2.72120]	[2.03255]	[1.86975]	[0.70392]	[0.36871]
LNZRK（-2）	-3.30349	-2.80431	-2.26766	0.276185	-1.01113
	-1.96555	-0.83982	-0.78648	-0.32418	-0.56802
	[-1.68069]	[-3.33917]	[-2.88332]	[0.85195]	[-1.78011]
DLNCYJG（-1）	-0.46402	0.189638	-1.58779	0.227857	-0.20909
	-1.33883	-0.57204	-0.5357	-0.22082	-0.3869
	[-0.34659]	[0.33151]	[-2.96392]	[1.03189]	[-0.54041]

表5-8(续)

	DLNTPF	LNAVGDP	LNNYJG	LNZRK	DLNCYJG
DLNCYJG (−2)	−0.60738	−0.56146	−1.04741	−0.02571	−0.13382
	−1.22996	−0.52553	−0.49214	−0.20286	−0.35544
	[−0.49382]	[−1.06837]	[−2.12826]	[−0.12675]	[−0.37650]
C	−6.78975	11.9508	11.25687	4.680294	7.011908
	−12.7903	−5.46494	−5.11778	−2.10953	−3.69623
	[−0.53085]	[2.18681]	[2.19956]	[2.21864]	[1.89704]

表 5-9   VAR 模型整体检验结果

Determinant resid covariance (dof adj.)	1.24E−17
Determinant resid covariance	3.03E−19
Log likelihood	298.7466
Akaike information criterion	−23.214
Schwarz criterion	−20.4783

5.2.5.2 脉冲响应分析

脉冲响应函数刻画的是在扰动项上加一个一次性的冲击对于内生变量当前值和未来值所带来的影响。对一个变量的冲击直接影响这个变量，并且通过 VAR 模型的动态结构传导给其他内生变量。由上述 VAR 模型方程得到的向量移动平均模型（VMA）为

$$Y_t = \varphi_0 \in_t + \varphi_1 \in_{t-1} + \varphi_2 \in_{t-2} + \cdots + \varphi_p \in_{t-p} + \cdots \qquad (5-13)$$

其中，$\varphi_p = (\varphi_{p,ij})$ 为系数矩阵，$p = 0$，1，2，$\forall \cdots$。则对 y_j 的脉冲引起的 y_j 响应为 $\varphi_{0,ij}$，$\varphi_{1,ij}$，$\varphi_{2,ij}\cdots$。本节利用不依赖于 VAR 模型中变量次序的扰动项正交矩阵的广义脉冲方法。

下面分别给人均 GDP、能源消费结构、产业结构、人口规模一个单位大小的冲击，得到关于湖南省碳排放的脉冲响应函数分析结果（见图 5-2 至图 5-5）。横轴表示冲击响应的滞后期间数，纵轴表示碳排放对各因素冲击的响应程度，实线表示脉冲响应曲线，虚线表示正负两倍标准差的偏离带。

从图 5-2 可以看出，湖南省的碳排放总量对来自人均 GDP 的一个标准差的冲击迅速响应，到第 2 期达到最大值后震荡变小，于第 9 期收敛于零，随后几乎为零，表明人均 GDP 对碳排放总量短期有较为显著的影响，具有一定的

持续影响但逐步减弱。从图5-3可以看出，当在本期给能源消费结构一个标准差的冲击后，碳排放总量在前4期内会上下波动，从第5期开始增长，第6期达到最大值后持续变小，于第8期收敛于零，随后几乎为零，表明能源消费结构对碳排放总量带来了同向冲击，能源结构中煤炭消费增加后会在第4期后对碳排放总量带来稳定的拉动作用。

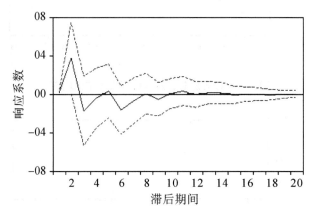

图5-2　碳排放总量对人均GDP冲击的响应

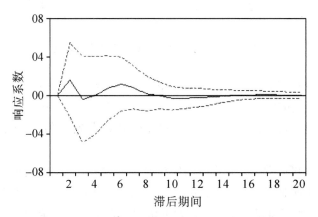

图5-3　碳排放总量对能源消费结构冲击的响应

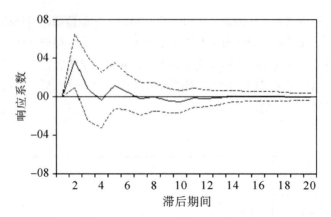

图 5-4　碳排放总量对人口规模冲击的响应

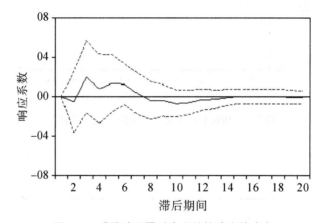

图 5-5　碳排放总量对产业结构冲击的响应

从图 5-4 可以看出，湖南省的碳排放总量对来自人口规模的一个标准差的冲击做出正向响应，到第 2 期达到最大值后震荡变小，于第 7 期收敛于零，随后几乎为零，表明总人口的增加在第 2 期对碳排放总量带来了显著的拉动作用。

从图 5-5 可以看出，湖南省的碳排放总量对来自产业结构的一个标准差的冲击做出正向响应，到第 2 期开始出现增长，于第 6 期开始持续减弱，随后几乎为零，表明产业结构中第二产业的增加在第 2~3 期对碳排放总量带来了显著的拉动作用。

5.2.5.3　方差分解分析

与脉冲响应函数相比较，方差分解提供了另外一种描述系统动态的方法。脉冲响应函数是追踪系统对一个内生变量的冲击效果，相反，方差分解则是将系统的均方误差分解成各变量冲击所做的贡献。本节的方差分解模型为：

$$
RVC_{ij} = \frac{\sum\limits_{q=0}^{s-1} (\varphi_{q,ij})^2 \sigma_{ij}}{var(y_{it})} = \frac{\sum\limits_{q=0}^{s-1} (\varphi_{q,ij})^2 \sigma_{ij}}{\sum\limits_{j=1}^{k}\left[\sum\limits_{q=0}^{s-1} (\varphi_{q,ij})^2 \sigma_{ij}\right]} \tag{5-14}
$$

其中，$\varphi_{q,ij}$ 是脉冲响应函数，σ_{ij} 是第 j 个变量的标准差，y_{it} 是向量自回归的第 i 个变量，RVC_{ij} 表示第 j 个变量对第 i 个变量的方差贡献率。本节主要考察人均 GDP、能源消费结构、产业结构和人口规模冲击对湖南碳排放总量的方差贡献率。如果 RVC_{ij} 较大，说明第 j 个因素的冲击对湖南碳排放总量的影响大；如果 RVC_{ij} 较小，说明第 j 个因素的冲击对湖南碳排放总量的影响较小。

图 5-6 至图 5-9 和表 5-10 分别给出了人均 GDP、能源消费结构、产业结构和人口规模变化对湖南省碳排放总量的方差贡献分解结果，横轴表示滞后期间数，纵轴表示第 j 个因素的冲击对湖南省碳排放总量的贡献率。

从图 5-6 中可以看出，考虑碳排放总量对自身标准差的冲击，人均 GDP 的冲击对湖南碳排放总量的贡献率逐渐增加，最大达到 17.3%，随后有所回落，稳定在 16% 左右；能源结构冲击对湖南省碳排放总量的贡献率较小，稳定在 4.5% 左右；人口规模冲击对湖南省碳排放总量的贡献率仅次于人均 GDP，最大达到 15%，随后稳定在 13% 左右；产业结构冲击对湖南省碳排放变化的贡献率稳定在 7.8% 左右，影响程度略强于能源结构。

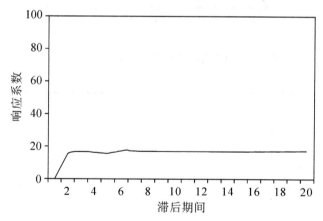

图 5-6　人均 GDP 冲击对湖南碳排放总量的贡献率

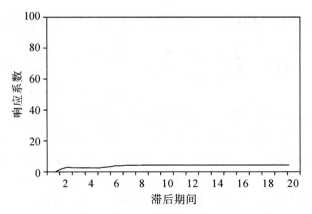

图 5-7　能源结构冲击对湖南碳排放总量的贡献率

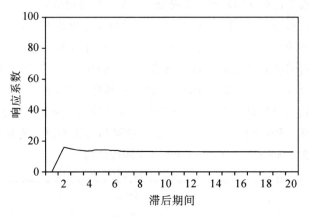

图 5-8　人口规模冲击对湖南碳排放总量的贡献率

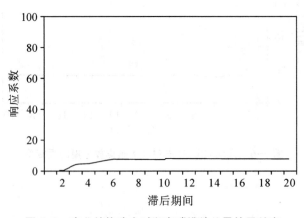

图 5-9　产业结构冲击对湖南碳排放总量的贡献率

表 5-10   方差分解结果

滞后期	S. E.	碳排放总量	人均 GDP	能源结构	人口规模	产业结构
1	0.070521	100	0.0000	0.0000	0.0000	0.0000
2	0.092546	65.08992	15.8495	3.01476	15.7069	0.338921
3	0.100033	6.21E+01	16.8928	2.753499	14.01942	4.192599
4	0.102302	62.77515	16.38687	2.632724	13.57264	4.632623
5	0.10431	60.81179	15.82224	3.038867	14.15553	6.171573
6	0.10786	58.12588	17.36181	4.00852	13.38944	7.114344
7	1.10E-01	58.38404	17.29063	4.394858	12.99368	6.936799
8	0.110344	58.65701	17.11287	4.368657	12.86199	6.999479
9	0.110997	58.54153	17.22105	4.317602	12.8723	7.047516
10	1.12E-01	58.23784	17.03438	4.35231	12.99473	7.380728
11	0.111876	57.99111	16.99837	4.413666	12.95953	7.637319
12	0.111983	57.88809	16.97757	4.451657	12.97369	7.708985
13	0.112054	57.83273	16.95966	4.474765	12.97663	7.75621
14	0.112067	57.82487	16.95784	4.480312	12.97418	7.762801
15	0.112091	57.82294	16.96996	4.478418	12.96879	7.759889
16	0.112122	57.83957	16.9661	4.476893	12.96181	7.75563
17	0.112152	57.85323	16.96344	4.476654	12.9551	7.751575
18	0.112192	57.86344	16.96833	4.475407	12.94687	7.745951
19	0.112225	57.8777	16.9632	4.473107	12.94182	7.744173
20	0.112247	5.79E+01	16.95924	4.471361	12.9385	7.745712

综上，经济增长和人口规模仍然是影响湖南省碳排放总量的主要因素，这和 STIRPAT 模型回归结果一致，也和湖南省当前的现实状况十分吻合，当前湖南省处于发展阶段，经济增长速度快，经济增长模式还较为粗放，仍然较为依赖第二产业，湖南也属于人口大省，这些都对湖南省碳减排工作带来了较大挑战。

5.3 基于 STIRPAT 模型的湖南省人均碳排放影响因素的实证分析

5.3.1 变量及指标选取

由于各省份人口规模不同，仅分析碳排放总量的影响因素是不够的，因此本小节对湖南省人均碳排放的影响因素进行分析。

STIRPAT 模型是对 IPAT 模型的修正和扩展，主要包括人口因素、富裕程度和技术因素三个自变量，因变量为环境压力，相当多的学者对 STIRPAT 模型进行扩展，即对自变量进行因素分解或是增加自变量，优化该模型对现实情况的解释力。碳排放量的影响因素众多，经济发展水平、能源消费结构、能源使用效率、人口规模及结构、产业结构等都决定了碳排放量的多少。

为深入细致地研究湖南人均碳排放的影响因素，本节对上节的 STIRPAT 模型进行扩展，分别对人口因素、技术因素和富裕程度再进行分解，并加入经济因素，人口因素选取城镇化率作为指标，技术因素选取 R&D 支出，富裕程度则通过城镇人均可支配收入衡量。具体指标含义见表 5-11。

本节所有数据均来源于《中国统计年鉴》《中国能源统计年鉴》《湖南省统计年鉴》，所有实证分析均通过 Eviews9.0 完成。具体实证分析过程为：单位根检验、协整检验、回归分析、误差修正模型回归、方差分解和脉冲响应函数分析、格兰杰因果检验。

表 5-11　　　　　　　　　　选取变量的描述

类型	变量	含义
被解释变量	人均碳排放	人均二氧化碳排放量 $Y1$
解释变量	经济因素	人均 GDP X_1
		第三产业占比 X_2
	能源因素	煤炭消费占能源消费比重 X_3
	人口因素	城镇化率 X_4
	技术因素	R&D 支出 X_5
	富裕程度	城镇人均可支配收入 X_6

5.3.2 实证分析过程

为了研究湖南省人均碳排放影响因素，本书构建了扩展的 STIRPAT 模型：

$$\ln Y = \ln X_1 + b\ln X_2 + c\ln X_3 + d\ln X_4 + e\ln X_4 + f\ln X_4 + \ln g \quad (5-15)$$

式中，Y 为人均碳排放；X_1 为人均 GDP；X_2 为第三产业占比，X_3 为煤炭消费占能源消费比重；X_4 为城镇化率，X_5 为 R&D 支出，X_6 为城镇人均可支配收入。本节通过模型扩展，更好更深入地研究湖南省人均碳排放的影响因素。

5.3.2.1 单位根检验

这里采用 ADF 检验对各序列进行单位根检验，判断时间序列的平稳性。检验结果见表 5-12。

表 5-12　　　　　　　　各序列的 ADF 检验结果

序列		各置信水平下的 T 值			T 值	P 值	结论
		1%置信水平	5%置信水平	10%置信水平			
$\ln Y_1$	原序列	-3.75	-2.99	-2.64	-0.43	0.8887	
	一阶差分	-3.77	-3.00	-2.64	-2.93	0.0585	I (2)
	二阶差分	-3.78	-3.01	-2.64	-7.61	0.0000	
$\ln X_1$	原序列	-3.83	-3.03	-2.65	-1.52	0.5023	
	一阶差分	-3.89	-3.05	-2.67	-2.83	0.0743	I (2)
	二阶差分	-3.81	-3.02	-2.65	-4.53	0.0022	
$\ln X_2$	原序列	-3.76	-3.00	-2.64	-0.898	0.5757	
	一阶差分	-3.76	-3.00	-2.64	-2.22	0.2388	I (2)
	二阶差分	-3.78	-3.01	-2.65	-5.13	0.0004	
$\ln X_3$	原序列	-3.75	-3.00	-2.64	-0.99	0.7376	
	一阶差分	-3.75	-3.00	-2.64	-2.41	0.0568	I (2)
	二阶差分	-3.78	-3.01	-2.65	-8.2	0.0000	
$\ln X_4$	原序列	-3.75	-3.00	-2.64	-0.564	0.9852	
	一阶差分	-3.75	-3.00	-2.64	-3.03	0.0580	I (2)
	二阶差分	-3.79	-3.01	-2.65	-5.32	0.0004	

表5-12(续)

序列		各置信水平下的 T 值			T 值	P 值	结论
		1%置信水平	5%置信水平	10%置信水平			
LnX₅	原序列	-3.75	-3.00	-2.64	0.49	0.9825	I（2）
	一阶差分	-3.75	-3.00	-2.64	-2.53	0.0596	
	二阶差分	-3.81	-3.02	-2.65	-5.32	0.0004	
LnX₆	原序列	-3.85	-3.04	-2.66	-0.713	0.8190	I（2）
	一阶差分	-4.54	-3.78	-2.64	-2.32	0.0613	
	二阶差分	-3.81	-3.02	-2.65	-6.77	0.0000	

表 5-12 的结果显示，各个时间序列的原序列在 ADF 检验时 T 值均大于 1%、5%、10%水平下的临界值，且 P 值都大于 0.05，说明检验的各序列具有单位根，是非平稳序列，因此对各序列的一阶差分进行 ADF 检验，一阶差分序列 ADF 检验的 T 值同样均大于 1%、5%、10%水平下的临界值，说明一阶差分仍然不平稳，继续对二阶差分进行 ADF 检验，从二阶差分序列 ADF 检验的 T 值均小于 1%、5%、10%水平下的临界值，说明各时间序列均为二阶单整序列，由于各序列为同阶单整序列，满足进一步协整分析的条件。

5.3.2.2　协整检验

这里采用 Johansen 协整检验法对多变量进行协整关系检验，结果见表 5-13。

表 5-13　　　　　　　　Johansen 协整检验结果

原假设	迹统计量值的检验结果			最大特征值的检验结果		
	迹统计量值	5%临界值	P 值	最大特征根	5%临界值	P 值
没有协整关系	350.85	125.62	0.0000	156.42	46.23	0.0000
至少 1 个协整关系	194.43	95.75	0.0000	71.58	40.08	0.0000
至少 2 个协整关系	122.85	69.82	0.0000	59.58	33.88	0.0000
至少 3 个协整关系	63.27	47.86	0.0010	30.78	27.58	0.0187
至少 4 个协整关系	32.49	29.80	0.0239	15.60	21.13	0.2492

表5-13（续）

原假设	迹统计量值的检验结果			最大特征值的检验结果		
	迹统计量值	5%临界值	P值	最大特征根	5%临界值	P值
至少5个协整关系	16.89	15.49	0.0307	11.92	14.26	0.1137
至少6个协整关系	4.97	3.84	0.0258	4.97	3.84	0.0258

据表5-13的迹统计量值检验结果判定，原假设"没有协整关系"的迹统计值量为350.85，大于5%水平的临界值125.62，拒绝原假设，表明存在协整关系；据上述原理分析，原假设为"至少4个协整关系"的迹统计量值为32.49，大于临界值29.80，拒绝原假设，表明至少存在4个协整关系。同样，最大特征根的判断规则和迹统计量值相同，最大特征根检验结果与迹统计量值的检验结果一致，认为人均碳排放与经济发展水平、能源消费结构、人口规模、产业结构、技术因素和富裕程度之间至少存在四个协整关系。

5.3.2.3 OLS回归分析

为反映经济、能源、人口和技术等因素对湖南省人均碳排放的影响机制和路径，这里对7个对数时间序列做OLS最小二乘法估计其协整方程，回归估计结果见表5-14。模型判定系数为0.99，说明模型拟合效果良好；DW值为1.8接近2，说明不存在自相关问题。其中回归系数显著的是人均GDP、第二产业占比、城镇居民可支配收入、煤炭消费占比4个变量，其P值均小于0.05，各参数估计值是有效的。而城镇化率、R&D支出2个变量的回归系数不显著，P值均高于0.05，说明城镇化率和R&D支出对湖南省人均碳排放没有显著影响。从各变量回归系数的取值来看，人均GDP、煤炭消费占比和城镇居民可支配收入都呈现正向变动关系，第二产业占比和人均碳排放呈反向变动关系，能源消费结构、人均GDP相较产业结构、城镇居民可支配收入对湖南省人均碳排放影响更为显著。

表5-14　　　　　协整模型的最小二乘法估计结果

变量	回归系数	标准差	T值	P值
LnX_1	0.9466	0.0092	103.0160	0.0000
LnX_2	−0.0613	0.0199	−3.0795	0.0065
LnX_3	1.0486	0.0114	92.3100	0.0000
LnX_4	−0.0082	0.0094	−0.8714	0.3950

表5-14(续)

变量	回归系数	标准差	T 值	P 值
LnX_5				0.7124
LnX_6				0.0000

5.3.2.4 格兰杰因果检验

协整检验结果只表明湖南省人均碳排放与其经济发展水平、能源消费结构、产业结构和富裕程度之间存在长期均衡关系，但湖南人均碳排放与该地区经济发展水平、能源消费结构、富裕程度、产业结构之间是否存在因果关系无法得出结论，因此文章选取 1 阶滞后对碳排放与经济发展水平、能源消费结构、富裕程度、产业结构的变量数据进行格兰杰因果检验，分析湖南碳排放和其影响因素间是否存在相互作用的机制。格兰杰因果检验结果见表5-15。

表 5-15 　　　　　　　　格兰杰因果检验结果

假设	滞后期 1	
	F 值	P 值
LnX_1 不是 LnY_1 的原因	0.46109	0.5049
LnY_1 不是 LnX_1 的原因	11.3732	0.003
LnX_2 不是 LnY_1 的原因	0.29956	0.5902
LnY_1 不是 LnX_2 的原因	8.61941	0.0082
LnX_3 不是 LnY_1 的原因	0.45859	0.506
LnY_1 不是 LnX_3 的原因	7.35194	0.0134
LnX_6 不是 LnY_1 的原因	0.80189	0.3812
LnY_1 不是 LnX_6 的原因	3.59988	0.0723

表5-15 的结果显示：滞后期为 1 时，假设"LnX_1 不是 LnY_1 的原因"的 P 值为 0.504 9，大于 0.05，拒绝原假设，说明"LnX_1 是 LnY_1 的原因"，说明经济发展水平是人均碳排放的原因；假设"LnY_1 不是 LnX_1 的原因"的 P 值为 0.003，小于 0.05，接受原假设，说明"LnY_1 不是 LnX_1 的原因"，即人均碳排放不是经济发展水平的原因。据此原理分析，滞后期为 1 时，经济发展、能源消费结构、产业结构和富裕程度均是人均碳排放变动的原因。

5.3.2.5 脉冲响应函数和方差分解分析

上述实证分析验证了人均GDP、煤炭消费占比这两个因素均会对人均碳排放产生显著影响，但影响程度如何以及随着时间的变化如何影响，这些细节的问题还有待进一步深入研究。VAR 模型并不关注参数的检验，主要关注的是序列之间的动态变化规律，本小节通过向量自回归模型（VAR 模型）的脉冲响应函数分析人均 GDP 和煤炭消费占比的变动对人均碳排放的影响，同时利用方差分解技术，考察人均 GDP 和煤炭消费占比对人均碳排放影响的贡献率，对湖南省人均碳排放影响因素进行动态分析，更加深入细致地揭示经济发展水平、能源消费结构这两个具有显著影响的因素对人均碳排放的影响和作用机制。

设 VAR 模型为

$$Y_t = \alpha + A_1 Y_{t-1} + A_2 Y_{t-2} + \cdots + A_p Y_{t-p} + \varepsilon_t \qquad (5-16)$$

式中，Y_t 是由 3 个内生变量组成的向量，即 $Y_t = (y_1 x_1 x_3)$，其中 y_1 为人均碳排放，x_1 为人均 GDP，x_3 为煤炭消费占能源消费总量的比例；ε_t 为扰动向量，A_1，A_2，$\cdots$，A_p 为参数矩阵，p 为滞后阶数。

建立 VAR 模型需要首先确定最大的滞后数，表 5-16 显示 0~5 阶 VAR 模型的 LR、FPE、AIC、SC、HQ 值，并以 "∗" 标记出依据相应准则选择出来的滞后阶数。结果显示，有 4 个准则选出来的滞后阶数为 5 阶，超过半数准则认为滞后 5 阶，可以将 VAR 模型的滞后阶数定义为 5 阶。

表 5-16　　　　　　　VAR 模型滞后阶数判断结果

Lag	LogL	LR	FPE	AIC	SC	HQ
0	57.67532	NA	6.36E-07	-5.7553	-5.60618	-5.73006
1	138.8991	128.2480∗	3.23E-10	-13.3578	-12.7613	-13.2569
2	148.83	12.54436	3.21E-10	-13.4558	-12.4119	-13.2791
3	163.0406	13.46269	2.36E-10	-14.0043	-12.5131	-13.7519
4	172.5768	6.022861	3.93E-10	-14.0607	-12.1221	-13.7326
5	208.1411	11.23081	9.73e-11∗	-16.85695∗	-14.47100∗	-16.45316∗

接下来对人均碳排放、人均 GDP 和煤炭消费占比两个时间序列进行 VAR 平稳性检验，结果见表 5-17。

表 5-17　　　VAR 平稳性检验结果（Table 形式）

Root	Modulus
0.994902	0.994902
0.535521-0.296395i	0.612073
0.535521+0.296395i	0.612073
0.096593-0.558208i	0.566503

表5-17(续表)

Root	Modulus
0. 096593+0. 558208i	0. 566503
0. 170922	0. 170922
No root lies outside the unit circle	
VAR satisfies the stability condition	

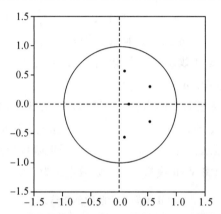

图 5-10 VAR 平稳性检验结果（Graph 形式）

图 5-10 显示，无特征根在单位圆外，序列是平稳的。因此可以建立 VAR 模型，模型滞后阶数为 5 阶，VAR 模型估计结果和模型整体检验结果分别见表 5-18 和表 5-19。模型检验结果中 SC 和 AIC 值较低且为负数，说明模型稳定，参数是否显著不为零不是 VAR 模型所关注的，没有给出模型参数显著性检验的结果，且不论参数显著性大小均可以保留各个滞后变量。将参数估计结果写成矩阵方式如下式：

$$Y_1 = \begin{bmatrix} -3.45 & -6.06 & 3.67 \\ 1.06 & 0.13 & -1.03 \\ -4.63 & 5.86 & 4.85 \end{bmatrix} Y_{t-1} + \begin{bmatrix} -4.29 & 3.85 & 3.87 \\ -0.15 & -0.07 & -0.05 \\ -3.19 & 3.06 & 2.86 \end{bmatrix} Y_{t-2}$$

$$+ \begin{bmatrix} -3.19 & 3.58 & 2.75 \\ 1.27 & -0.38 & -1.39 \\ -3.85 & 3.34 & 3.49 \end{bmatrix} Y_{t-3} + \begin{bmatrix} -4.78 & 3.37 & 5.05 \\ -1.52 & 0.70 & 1.50 \\ -2.46 & 2.02 & 2.75 \end{bmatrix} Y_{t-4}$$

$$+ \begin{bmatrix} -16.5 & 15.7 & 16.96 \\ -5.98 & 5.84 & -6.18 \\ -9.89 & 9.16 & 10.09 \end{bmatrix} Y_{t-5} + \begin{bmatrix} 31.26 \\ 5.08 \\ 22.48 \end{bmatrix} \qquad (5-17)$$

表 5-18　　　　　　　　　　　　VAR 模型估计结果

	Y1	X1	X3
Y1 （−1）	−3.44879	1.076304	−4.62614
Y1 （−2）	−4.28842	−0.15425	−3.19293
Y1 （−3）	−3.19267	1.268458	−3.8523
Y1 （−4）	−4.78635	−1.51526	−2.46124
Y1 （−5）	−16.4984	−5.98341	−9.89119
X1 （−1）	6.061426	0.126575	5.859285
X1 （−2）	3.845576	−0.07167	3.0632
X1 （−3）	3.58007	−0.3831	3.336158
X1 （−4）	3.37063	0.700749	2.016095
X1 （−5）	15.70201	5.844276	9.156581
X3 （−1）	3.673663	−1.03059	4.852912
X3 （−2）	3.782984	−0.05216	2.863053
X3 （−3）	2.746538	−1.39063	3.492033
X3 （−4）	5.04899	1.498764	2.74718
X3 （−5）	16.95899	6.17922	10.08989
C	31.25972	5.082183	22.47739

表 5-19　　　　　　　　　　　　VAR 模型整体检验结果

Determinant resid covariance （dof adj.）	1.56E−11
Determinant resid covariance	6.13E−14
Log likelihood	208.1411
Akaike information criterion	−16.85695
Schwarz criterion	−14.471

　　脉冲响应函数刻画的是在扰动项上加一个一次性的冲击给内生变量当前值和未来值所带来的影响。对一个变量的冲击直接影响这个变量，并且通过 VAR 模型的动态结构传导给其他内生变量。由上述 VAR 模型方程得到的向量移动平均模型（VMA）为

$$Y_t = \varphi_0 \in_t + \varphi_1 \in_{t-1} + \varphi_2 \in_{t-2} + \cdots + \varphi_p \in_{t-p} + \cdots \qquad (5-18)$$

其中，$\varphi_p = (\varphi_{p,ij})$ 为系数矩阵，$p = 0, 1, 2, \forall \cdots$。则对 y_j 的脉冲引起的 y_j 响应

为 $\varphi_{0,ij}$，$\varphi_{1,ij}$，$\varphi_{2,ij}$…。本小节采用了不依赖于 VAR 模型中变量次序的扰动项正交矩阵的广义脉冲方法。

前述的实证分析对 Y_t 所选用的 3 个变量的时间序列进行了协整检验，检验的结果表明各变量之间满足协整关系。这表明，所选的人均 GDP、能源消费结构与人均碳排放之间具有长期的均衡关系。在短期内由于随机干扰，这些变量可能偏离均衡值，但这种偏离是暂时的，最终会回到均衡状态。

下面分别给人均 GDP 和能源消费结构一个单位大小的冲击，得到关于人均碳排放的脉冲响应函数分析结果（见图 5-11、图 5-12 和表 5-20）。横轴表示冲击作用的滞后期间数，纵轴表示人均碳排放，实线表示脉冲响应函数，代表了人均碳排放对人均 GDP 冲击和能源消费结构冲击的反应，虚线表示正负两倍标准差的偏离带。

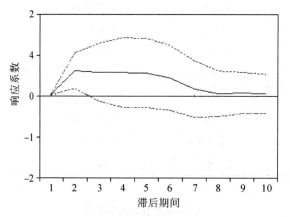

图 5-11 人均 GDP 冲击引起的人均碳排放波动的响应函数

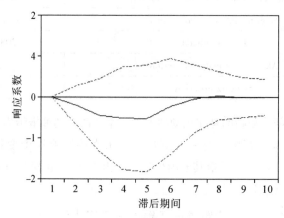

图 5-12 能源消费结构冲击引起的人均碳排放波动的响应函数

图 5-11 是人均碳排放对人均 GDP 冲击的脉冲函数响应图。从图 5-11 中我们可以看出，在人均 GDP 的一个正冲击后，人均碳排放在 1、2 期正向响应迅速变大，并在第 2 期达到最高点，随后冲击响应缓慢下降，第 6 期以后响应加速变弱，第 9 期开始收敛到零，这表明人均碳排放受人均 GDP 的某一冲击后，带来的冲击效应在第 4 期达到最大，之后逐渐回落并在第 9 期之后趋于零。即经济发展的正向冲击对碳排放具有显著的促进作用，并且这一显著促进作用具有一定时间的持续效应。

图 5-12 是人均碳排放对能源消费结构冲击的脉冲函数响应图，从图中我们可以看出，当在能源消费结构的一个正冲击后，人均碳排放在前期响应逐步加大，并在第 5 期达到最高点，随后冲击响应变小，第 8 期以后开始收敛到零，这表明人均碳排放受能源结构的某一冲击后，带来的冲击效应在第 5 期达到最大，之后逐渐回落并在第 8 期之后趋于零。即能源结构冲击对碳排放具有显著影响且具有一定的持续效应。

表 5-20   脉冲响应函数结果

滞后期间数	人均 GDP	能源消费结构
1	0.0000	0.0000
2	0.0588	−0.0197
3	0.0549	−0.0445
4	0.0546	−0.0516
5	0.0533	−0.0528
6	0.0412	−0.0226
7	0.0143	−0.0043
8	0.0027	0.0033
9	0.0046	−0.0011
10	0.0026	−0.0002

与脉冲响应函数相比较，方差分解提供了另外一种描述系统动态的方法。脉冲响应函数追踪系统对一个内生变量的冲击效果，相反，方差分解则是将系统的均方误差分解成各变量冲击所做的贡献。本小节的方差分解模型为

$$\mathrm{RVC}_{ij} = \frac{\sum\limits_{q=0}^{s-1} (\varphi_{q,\,ij})^2 \, \sigma_{ij}}{var(y_{it})} = \frac{\sum\limits_{q=0}^{s-1} (\varphi_{q,\,ij})^2 \, \sigma_{ij}}{\sum\limits_{j=1}^{k} \left\{ \sum\limits_{q=0}^{s-1} (\varphi_{q,\,ij})^2 \, \sigma_{ij} \right\}} \qquad (5-19)$$

其中，$\varphi_{q,ij}$ 是脉冲响应函数，σ_{ij} 是第 j 个变量的标准差，y_{it} 是向量自回归的第 i

个变量，RVC_{ij}表示第j个变量对第i个变量的方差贡献率。本小节主要考察人均 GDP 和能源消费结构冲击对人均碳排放的方差贡献率。如果RVC_{ij}较大，说明第j个因素的冲击对人均碳排放的影响大；如果RVC_{ij}较小，说明第j个因素的冲击对人均碳排放的影响小。

图 5-13、5-14 和表 5-21 分别给出了人均 GDP 和能源消费结构变化对人均碳排放的方差贡献分解结果，横轴表示滞后期间数，纵轴表示第j个因素的变化对人均碳排放的贡献率。可以看出，考虑人均碳排放自身标准差的冲击，人均 GDP 对人均碳排放的贡献率逐渐增加，最大达到 40%，随后有所回落，稳定在 35%左右。能源消费结构对人均碳排放的贡献率逐渐增加，最大达到8.5%，随后稳定在 8%左右。从中可以看出经济因素仍然对人均碳排放影响较大，要想在实现湖南省碳减排目标的同时实现经济增长仍然是个两难问题，此外，由于十二五以来湖南省积极推进能源结构优化，增加低碳能源消费，减少对高碳排放的煤炭资源的依赖，同时加大技术更新改造提高能源使用效率等，能源消费结构对人均碳排放的影响弱于经济增长。

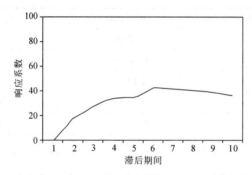

图 5-13　人均 GDP 冲击对人均碳排放的贡献率

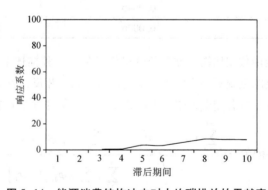

图 5-14　能源消费结构冲击对人均碳排放的贡献率

表 5-21		方差分解结果		
滞后期间数	S. E.	人均碳排放	人均 GDP	能源消费结构
1	0.0916	100.0000	0.0000	0.0000
2	0.1273	81.5688	17.9256	0.5056
3	0.1431	71.3488	28.0362	0.6150
4	0.1512	65.0315	34.1873	0.7812
5	0.1552	62.0093	34.3958	3.5949
6	0.1672	54.0647	42.5808	3.3544
7	0.1829	52.6848	40.9836	6.3316
8	0.1898	51.8635	39.6256	8.5109
9	0.1938	53.7844	38.0316	8.1840
10	0.2024	55.8007	35.9756	8.2237

6 湖南省碳排放时空差异及其影响因素分析

当前学者大多采用传统的 LMDI、Kaya、IPAT 和 STIRPAT 等模型对碳排放进行因素分解和预测，然而上述模型无法反映各区域的空间差异，并且忽视了碳排放的空间效应。地理学第一定律认为任何事物或现象都存在相关性，并且这种相关性与事物间的距离有关，越临近的事物间相关性越高。本书第 3~5 章运用时间序列数据对湖南省碳排放及其影响因素进行了实证分析，却忽视了运用具有空间依赖效应的截面数据或面板数据对湖南省碳排放的空间差异及其影响因素进行分析。空间计量分析可以挖掘隐藏在空间数据背后的重要信息——空间效应（空间依赖性和空间异质性）。故本章借鉴已有的研究成果，选取 2008—2018 年湖南省及其各市州的碳排放量为测度指标，利用空间探索性分析技术（ESDA）分析湖南省各市州 2008—2018 年碳排放量的时空格局演变特征，结合将空间特性纳入模型的空间计量模型分析影响碳排放的因素，以期为湖南省因地制宜地制定区域差异化的碳减排政策提供科学依据和现实支撑。

6.1 研究方法及基本原理

6.1.1 空间计量分析方法概述

许多经济数据都涉及空间位置，如各省的经济发展水平、碳排放水平等，包含空间位置的数据简称空间数据。空间数据的特殊性违反了标准计量的观测值之间独立性假设以及误差项同方差假设（出现异方差），限制了标准技术（OLS 模型）的使用并可能导致标准计量分析结果无效，因此研究如何处理空间数据的计量经济分析方法应运而生。传统计量经济学忽略了空间效应的两个重要来源，即空间相关性和空间异质性，空间计量经济学建模主要源于对空间效应的识别、度量和估计。

空间依赖性（spatial dependence）是指空间观测单位之间的地理依赖或空间相关，指在样本观测中，位于位置 i 的观测与其他 $j \neq i$ 的观测有关。存在空间相关的原因有两方面：相邻空间单元存在测量误差和空间交互影响。空间相关不仅意味着空间上的观测缺乏独立性，而且意味着潜在于这种空间相关中的空间结构，也就是说空间相关的强度及模式由绝对位置和相对位置（布局，距离）决定。空间异质性（spatial heterogeneity）是指地理空间上的区域结构缺乏均质性，存在发达地区和落后地区、中心地区和外围地区等经济地理结构，从而导致经济社会发展和创新行为存在较大的空间差异性。

空间数据分析和建模技巧与 GIS 的结合，现已广泛应用于实证调查和经济政策分析中，尤其是环境和资源经济（Bockstael，1996；Geoghegan，Wainger and Bockstael，1997）和发展经济（Nelson and Gray，1997）。

6.1.2 空间相关性分析原理

空间依赖性也称为空间相关性，指不同区域的事物和现象在空间上互相依赖、互相影响和互相制约，是事物和现象之间本身所固有的空间经济属性。当相邻区域特征变量的高值或低值在空间上呈现集聚倾向时为正的空间自相关，当相邻区域特征变量与本区域变量取值高低相反时则为负的空间自相关，一般可以通过探索性空间数据分析和图形分析进行。

6.1.2.1 探索性空间数据分析（ESDA）

探索性空间数据分析空间相关性主要包括全局相关性和局部相关性。全局空间自相关主要用来分析区域总体的空间关联和空间差异程度，度量指标主要为莫兰指数 I 和吉里尔指数 C。局部相关性主要是检验局部地区是否存在相似或相异的观察值集聚在一起，度量指标有局部莫兰指数 I 即 LISA 值和局部吉里尔指数 C。

莫兰指数 I 检验整个研究区域中邻近地区是相似、相异还是相互独立，相似为空间正相关，相异为空间负相关，相互独立说明不存在空间相关性。计算公式见式（6-1）

$$I = \frac{n \sum_{i=1}^{n} \sum_{j=1}^{n} w_{ij}(x_i - \bar{x})}{n \sum_{i=1}^{n} \sum_{j=1}^{n} w_{ij}(x_i - \bar{x})^2} = \frac{\sum_{i=1}^{n} \sum_{j=1}^{n} w_{ij}(x_i - \bar{x})(x_j - \bar{x})}{s^2 \sum_{i=1}^{n} \sum_{j=1}^{n} w_{ij}} \qquad (6-1)$$

式中，I 表示莫兰指数，n 为研究区域总数，w_{ij} 是空间权重，x_i 和 x_j 分别为区域 i 和区域 j 的特征变量，$\bar{x}$ 为特征变量的平均值，s^2 为特征变量的方差。莫兰指数实质上是观测值与其空间滞后之间的相关系数，取值一般在 -1 到 1，大于 0 表示正相关，接近 1 表示具有相似特征的集聚（高高集聚和低低集聚）；小于 0 表示负相关，接近 -1 表示相异特征的集聚（低高集聚或高低集聚）；等于 0 表示属性是随机分布的，不存在空间相关性。

吉里尔指数 C 强调的是观测值之间的离差，计算公式见式（6-2）

$$C = \frac{(n-1)\sum\limits_{i=1}^{n}\sum\limits_{j=1}^{n} w_{ij}(x_i - \bar{x})^2}{2\sum\limits_{i=1}^{n}\sum\limits_{j=1}^{n} w_{ij}\sum\limits_{i=1}^{n}(x_i - \bar{x})^2} \qquad (6-2)$$

式中，C 表示吉里尔指数，n 为研究区域总数，w_{ij} 是空间权重，x_i 和 x_j 分别为区域 i 和区域 j 的特征变量，$\bar{x}$ 为特征变量的平均值。吉里尔指数 C 取值一般在 0 到 2，大于 1 表示正相关，小于 1 表述负相关，等于 1 表示不相关。

某区域 i 的局部莫兰指数即 LISA 值度量区域公式见式（6-3）和它相邻区域之间的关联程度，计算式见式（6-3）

$$I_i = \frac{(x_i - \bar{x})}{s^2}\sum_{j \neq 1} w_{ij}(x_j - \bar{x}) \qquad (6-3)$$

式中，正的 I_i 表示一个高值被高值包围，或者一个低值被低值包围；负的 I_i 表示一个高值被低值包围，或者一个低值被高值包围。

局部吉里尔指数 C 也称为 G_i，检验局部地区是否存在统计显著的高值或低值，计算公式见式（6-4）

$$G_i = \frac{\sum\limits_{j \neq 1} w_{ij} x_j}{\sum\limits_{j \neq 1} x_j} \qquad (6-4)$$

式中，高的 G_i 值表示高值的样本集中在一起，低的 G_i 值表示低值的样本集中在一起。

6.1.2.2 图形分析

图形分析主要有分位数分布图、莫兰散点图、莫兰显著性水平图等，图形分析可直观地理解特征变量的空间相关性。

分位数分布图是将和空间相对应的某一特征变量值，如某市碳排放按要求的几分位数等分，并在地图上标出对应的区域，以颜色由浅及深表示数值的由小及大。

莫兰散点图主要是进行局部空间自相关分析，对空间滞后因子和特征变量数据进行可视化的二维图示，用散点图表示特征变量和空间滞后向量间的相互关系，横轴表示特征变量，纵轴表示空间滞后向量（某观测值周围邻居的加权平均）。散点图被分为四个象限，分别对应空间单元与其邻近单元之间四种类型的局部空间联系：第一象限代表观测值的高高集聚，第二象限为低观测值的空间单元其相邻区域是高值，第三象限为高观测值的空间单元其相邻区域是低值，第四象限代表观测值的低低集聚。莫兰散点图可以直观地区分空间单元和其相邻单元属于高值—高值、低值—高值、高值—低值、低值—低值之中哪种空间分布格局。

莫兰显著性水平图将莫兰散点图与空间联系的局部指标 LISA 显著性水平相结合，图中显示显著的 LISA 区域，分别标识出对应于莫兰散点图中不同象限的相应区域。

6.1.2.3 空间异质性

空间异质性表现为空间结构的非均衡性和空间异方差，空间异方差分析可以通过指标度量和分位数分布图进行直观分析。

空间异质性度量指标主要有离散指标、变异系数、空间基尼系数和泰尔指数。离散指标是用来测定总体各单位直接差异程度的统计指标，反映变量值的离散趋势，离散值越小说明社会经济活动越均衡。常用指标有平均重心距离，反映的是空间点集相对于分布重心的径向离散程度，具有长度属性。变异系数为各区域竖向值 y 的标准差与其平均值之比，反映了各区域属性值偏离总体区域平均值的相对差距。基尼系数常用于衡量社会收入分配的平等程度，当此概念应用于分析各类经济活动的空间格局时称为空间基尼系数。空间基尼系数取值的范围在 0 到 0.5 之间，0.5 表示完全不均衡（该产业集中在一个地区），0表示完全均衡。泰尔指数是泰尔于 20 世纪 60 年代运用信息理论提出的一个不平等指数，计算公式见式（6-5）

$$I(O) = \frac{1}{N} \sum_{i=1}^{N} log \frac{\bar{y}}{y_i} \qquad (6-5)$$

式中，N 是研究区域总数，y_i 是区域 i 的属性值，$\bar{y}$ 是 y_i 的平均值。

6.1.2.4 空间权重矩阵

进行空间计量分析的前提是度量区域之间的空间距离。记来自 n 个区域的空间数据为 $\{x_i\}_{i=1}^{n}$，i 表示区域 i。区域 i 与区域 j 的距离为 w_{ij}，即为空间权重矩阵。矩阵表达式见式（6-6）

$$W = \begin{pmatrix} w_{11} & \cdots & w_{1n} \\ \vdots & \ddots & \vdots \\ w_{n1} & \cdots & w_{nn} \end{pmatrix} \qquad (6-6)$$

式中，常用的空间距离函数为相邻，即如果区域 i 与区域 j 有共同的边界，则 $w_{ij}=1$，反之则 $w_{ij}=0$。

定义相邻关系的另一种方法是基于区域间的距离。记区域 i 与区域 j 的距离为 d_{ij}，可定义空间权重见式（6-7）

$$w_{ij} = \begin{cases} 1 & \text{if} \quad d_{ij} < d \\ 0 & \text{if} \quad d_{ij} \geq d \end{cases} \qquad (6-7)$$

其中，d 为事先给定的距离临界值。此外，还可以用距离的倒数作为空间权重，见式（6-8）：

$$w_{ij} = \frac{1}{d_{ij}} \qquad (6-8)$$

式中，距离 d_{ij} 既可以是地理距离，也可以是经济距离、技术距离、产业距离或是社交网络中的距离等。

6.1.3　空间计量分析模型

6.1.3.1　一般空间计量模型

大多数空间分析的标准方法是从非空间线性模型开始，再来检验基准模型是否需要扩展成具有空间交互效应的模型，非空间线性回归模型见式（6-9）

$$Y = \alpha \tau_N + X\beta + \varepsilon \qquad (6-9)$$

其中，Y 为 $N \times 1$ 阶向量，它由样本中的每一个单位（$i=1，\cdots，N$）的被解释变量的观测值所构成。ι_N 是一个 $N \times 1$ 阶的单位向量，它与被估计的常数项参数 α 相关。X 是一个 $N \times K$ 阶外生解释变量矩阵，β 是与之相关的 $K \times 1$ 阶需要估计的未知参数向量，ε 为干扰项的向量。上述模型为标准的 OLS 模型，而标准的线性 OLS 基准模型无法包含以下三种交互效应：第一种为内生交互效应，即一个特定的地理空间单元的被解释变量在某种程度上与其他空间单元的被解释变量之间存在空间相关关系；第二种为外生交互效应，即一个特定地理空间单元的被解释变量依赖于其他地理空间单元的独立解释变量；第三种是误差项之间的交互效应，即模型中被遗漏的被解释变量的决定因素是空间相关的，或者不可观测的空间扰动因素服从空间交互的形式，也就是说不同空间单元具有相似且无法观测的外部环境特征，对地理空间观测的决策行为会产生相似的影响。

因此，Manski 提出了包含上述三种交互效应的广义嵌套空间计量模型，解释为什么位于特定地理区位的一个观测值与另一区位的观测值存在依赖关系。模型表达式见式（6-10）

$$Y = \delta WY + \alpha \tau_N + X\beta + WX\theta + \mu$$

$$\mu = \lambda W\mu + \varepsilon \tag{6-10}$$

式中，WY 是被解释变量之间的内生交互效应，WX 是解释变量之间的外生交互效应，$W\mu$ 是不同单位的干扰之间的交互效应。δ 为空间自回归系数，λ 为空间自相关系数，θ 是 $K\times1$ 阶固定且未知的需要估计的参数向量。W 是 $N\times N$ 阶非负矩阵，它描述了样本单位的空间组合和安排。

6.1.3.2　空间计量模型的其他类型

在实际研究中学者们会依据研究的问题在广义嵌套模型的基础上通过对一个或多个参数进行限制来构建不同的空间计量模型。不考虑外生交互效应带有空间滞后被解释变量 WY 和空间自相关误差项 $W\mu$ 的模型为 SAC 模型；不考虑空间自相关误差项 $W\mu$ 而带有空间滞后被解释变量 WY 和空间滞后解释变量 WX 的模型为空间杜宾模型；不考虑内生交互效应而带有空间滞后解释变量 WX 和空间自相关误差项 $W\mu$ 的模型为空间杜宾误差模型；只考虑内生交互效应的模型为空间滞后模型，只考虑外生交互效应的模型为 SLX 模型，只考虑误差项之间交互效应的模型为空间误差模型。对于空间计量模型的选择应基于一系列的空间相关检验，才能确定哪个模型能够更好更有效地解释数据。

6.2　湖南省碳排放空间差异的动态演化分析

6.2.1　湖南省碳排放的总体空间特征

依据第 3 章湖南省及其市州碳排放测算结果，这里运用 geoda 软件分别对 2008—2018 年湖南省各市州碳排放总量、人均碳排放和碳排放强度进行空间格局及其动态演化分析，以更好地揭示湖南省能源消费碳排放的空间特征，所有地图数据均来自国家地理信息中心。

6.2.1.1　碳排放总量的空间特征

表 6-1 列出了湖南省 2008—2018 年以来碳排放总量的自然间断点分级结果，将碳排放依次分为高排放、中高排放、中低排放、低排放四个等级。可以看出，湖南省碳排放总体上呈东高西低的格局，存在较为显著的空间差异。碳

排放量最高的是岳阳、娄底和湘潭；长沙、株洲、衡阳、郴州碳排放属于中高型，邵阳、怀化、常德、益阳碳排放量处于中低水平，碳排放量最低的为张家界、湘西州和永州。2009 年全省碳排放整体空间格局较 2008 年未发生变化。

表 6-1　基于 Jenks 的 2008—2018 年湖南省各市州碳排放总量的空间分布

Jenks 分级位次	2008 年	2012 年	2018 年
高	岳阳、娄底、湘潭	岳阳、娄底、郴州	岳阳、娄底、湘潭
中高	长沙、株洲、郴州、衡阳	常德、湘潭、株洲、衡阳	常德、益阳、株洲、郴州
中低	常德、益阳、怀化、邵阳	长沙、益阳、邵阳、永州	永州、邵阳、衡阳、长沙
低	张家界、湘西、永州	怀化、湘西、张家界	湘西、张家界、怀化

注：湖南省各地市州碳排放总量的自然间断点分级标准。2008 年：高（547.3~999.3）、中高（360.5~504.1）、中低（138~285.4）、低（21.63~110.9）。2012 年：高（667.4~1278）、中高（340.7~621）、中低（126.3~327.4）、低（22.54~107.8）。2018 年：高（511.9~1307）、中高（269~408.2）、中低（93.28~266.8）、低（13.79~57.18）。

2010 年和 2011 年全省碳排放格局基本一致，株洲由中高型转为中低型，而常德则由原来的中低型跨入中高型区间，其他市州所属排放等级区间并未发生变化。2012 年株洲未能延续碳减排的力度，重新回到中高型区间，郴州出现较大相对增幅，由原来的的中高型跨入最高型区间，长沙得益于"两型社会"建设各项低碳绿色发展举措，由原来的的中高型转向中低型区间，怀化市也出现相对较大的降幅，由原来的中低排放区进入低排放区。2013 年全省碳排放空间格局未发生变化。2014 年空间格局变动也较为微小，长沙碳排放反复波动，又重回中高碳排放区，而株洲两型建设相关举措发力又退回到中低排放区。2015 年和 2016 年基本格局未变。

2017 年郴州碳排放相对降幅较明显，由原来的最高区间重回中高区间；而湘潭碳减排放缓，重新回到最高区间；长沙碳排放相对降幅加大，再次回到中低区间；而株洲由于碳减排放缓重回中高区间。2018 年较 2017 年空间格局有所改变，主要变动为中高碳排放区间和中低碳排放区间的空间分布，衡阳市碳减排放缓，跨入中高区间，而益阳碳减排幅度较大，落至中低区间。

总体来看，怀化、长沙、衡阳在近 10 年中碳减排效果较为显著，实现了由高一级碳排放区间向低级碳排放区间的过渡，尤其是怀化和长沙两市，降幅较为明显，表明上述四个市州现有碳减排措施效果显现，尤其是长沙和怀化两市值得全省其他市州借鉴。而常德、益阳和永州三市在近10年中，由于碳减排效果相对较弱，反而由低一级碳排放区间跨入高一级碳排放区间。张家界市和湘西州由于特殊的产业结构碳排放一直维持在低位。湘潭、娄底和岳阳则由于集中我省主要的高耗能行业始终居于碳排放高型区间，需要进一步加快推进产业结构转型升级，实现绿色低碳发展。

6.2.1.2 人均碳排放的空间特征

表6-2列出了湖南省2008—2018年各市州人均碳排放的自然间断点分级结果，根据人均碳排放取值依次分为高排放、中高排放、中低排放、低排放四个区间。可以看出，人均碳排放同样呈东高西低的格局，空间差异较为显著。

表6-2 基于Jenks的2008—2018年湖南省各市州人均碳排放的空间分布

Jenks分级位次	2008年	2012年	2018年
高	岳阳、娄底、湘潭	岳阳、娄底、湘潭	岳阳、娄底、湘潭
中高	益阳、株州、郴州、衡阳	益阳、株州、衡阳、郴州	常德、益阳、株州、郴州
中低	常德、长沙、怀化、邵阳	长沙、长沙、邵阳、永州	永州、邵阳、衡阳、长沙
低	张家界、湘西、永州	怀化、湘西、张家界	湘西、张家界、怀化

注：湖南省各市州人均碳排放的自然间断点分级标准。2008年：高（1.832~2.224）、中高（0.578~1.023）、中低（0.2016~0.5155）、低（0.1319~0.1902）。2012年：高（2.22~3.352）、中高（0.6489~1.441）、中低（0.2402~0.5914）、低（0.0873~0.2258）。2018年：高（1.787~2.903）、中高（0.5609~0.8605）、中低（0.1711~0.3683）、低（0.0732~0.1148）。

人均碳排放的空间格局和碳排放总量基本一致，位于最高区间的是岳阳市、娄底市和湘潭市；长沙市、株洲市、衡阳市和郴州市碳排放位于人均碳排放中高型区间，邵阳市、怀化市、常德市和益阳市碳排放量处于中低水平，人均碳排放最低的为张家界市、湘西州和永州市。2018年人均碳排放最高区间仍然为岳阳、娄底和湘潭三市；中高区间为株洲、郴州、益阳和常德四市；中低区间为永州、衡阳、邵阳和长沙四市，最低区间为怀化市、张家界市和湘西州。可以看出长沙市、怀化市和衡阳实现了人均碳排放区间向低一级区间的过渡，而永州市、邵阳市、怀化市和常德市人均碳排放则由低一级区间跨入高一级区间，碳减排成效甚微。

长沙市2007年启动资源节约型和环境友好型"两型社会"建设，各项举措陆续推出，着力构建绿色产业体系，把"生态＋"理念融入产业发展，加快产业生态化和生态产业化，打造绿色园区、绿色工厂、绿色产品，形成绿色能源结构，在全面"控煤"的基础上，大力推广天然气、太阳能等清洁能源，鼓励购买和使用新能源汽车，倡导绿色生活方式，大力引导绿色出行，一系列举措有效降低了碳排放。2009年长沙市人均碳排放从中高区间进入中低区间，其后一直位于中低区间，碳减排效果持续显现。

怀化市注重深化供给侧结构性改革，推动新旧动能转换，关闭大量煤矿、小煤窑、非煤矿山、黏土砖企业；坚持绿色发展，建立健全绿色低碳循环发展的园区产业体系，构建以生态文化旅游、医养健康（中药材）、电子信息产业为支撑的现代产业体系。产业结构的逐步转型和践行绿色发展的持续行动带来怀化市碳减排的显著成效，2010年怀化市即进入人均碳排放最低区间，随后人均碳排放一直处于湖南省的最低区间。

"十二五"以来，衡阳市以供给侧结构性改革为主线，加快调整产业结构，推动经济高质量发展。产业结构调整不断加快，全市关停落后产能企业256家，关停年产9万吨及以下小煤矿40处，关停小火电59处。大力实施振兴实体经济的"3311"工程和工业原地倍增计划，打造多个千亿产业集群，推进产业升级提质。能源结构不断优化。截至2017年年底，全市新增新能源装机规模38万千瓦，新能源发电量占比达到6.6%，全市煤炭产量263万吨，减少24.9%。全市天然气用气量2.47亿方，比上一年增长27%，万元GDP能耗同比2015年下降11.2%。衡阳市人均碳排放于2014年由原来的中高区间下降至中低区间，此后一直处于中低区间，节能减排效果显著。

综上分析，长沙市、怀化市和衡阳市通过产业结构转型升级和优化能源结构实现低碳绿色发展的成功经验可资其他市州借鉴。

6.2.1.3 碳排放强度的空间特征

表6-3列出了湖南省2008—2018年各市州碳排放强度的空间分布，根据单位GDP的碳排放量取值依次分为高强度、中高强度、中低强度和低强度四个区间。可以看出，湖南省碳排放强度同样呈东高西低的格局，空间差异较为显著。

表 6-3　基于 Jenks 的 2008—2018 年湖南省各市州碳排放强度的空间分布

Jenks 分级位次	2008 年	2012 年	2018 年
高	岳阳、娄底、湘潭	岳阳、娄底、湘潭	岳阳、娄底、湘潭
中高	益阳、邵阳、 郴州、衡阳	益阳、邵阳、 郴州、衡阳	邵阳、益阳、 株州、郴州
中低	常德、株州、 怀化、永州	常德、株州、 怀化、永州	怀化、永州、 衡阳、常德
低	张家界、湘西、长沙	张家界、湘西、长沙	湘西、张家界、长沙

注：湖南省各市州碳排放强度的自然间断点分级标准。2008 年：高（8539～17600）、中高（3964～6565）、中低（1871～2740）、低（1176～1609）。2012 年：高（4309～12580）、中高（2200～3841）、中低（817～1759）、低（453～685）。2018 年：高（2324～8957）、中高（1099～1958）、中低（417～924）、低（232～378）。

2008 年，位于碳排放高强度区间的有岳阳市、娄底市和湘潭市；株洲市、益阳市、衡阳市和郴州市位于碳排放中高强度区间；邵阳市、怀化市、常德市和永州市位于碳排放中低强度区间；位于碳排放低强度区间的为张家界市、湘西州和长沙市。随后的 2009—2012 年碳排放强度的空间格局没有发生任何变化。2013 年仅邵阳市碳排放强度由中低强度发展到中高强度，随后 2014—2015 年空间格局和 2013 年一致。2016 年怀化市进入碳排放低强度区间，张家界市碳排放强度有所回升跨入中低强度区间，但怀化和张家界两市随后于 2017 年又分别重回原来的中低强度和低强度区间。2018 年湖南省碳排放强度空间格局较 2017 年未发生变化。

可以看出 14 个市州中变化较大的主要是邵阳、怀化两市。邵阳市于 2013 年碳排放强度出现显著上升，怀化市则在 2016 年出现碳排放强度的显著下降。邵阳市规模工业企业能源消费品种以煤炭和电力为主，其中煤炭占比较高，且六大高耗能行业产值占地区工业总值比重较高，2013 年为 21.4%，2014 年为 20.8%。2013 年，邵阳市碳排放快速增加，较 2012 年增加了 72%，而 GDP 增速仅为 13%，导致单位 GDP 碳排放量出现较大增幅，碳排放强度较 2012 年增加了 52%，由原来的中低强度区间跨入中高强度区间，随后邵阳市碳排放量虽然在 2014 年达到阶段性高点后逐年回落，但回落幅度小。2013—2018 年邵阳市碳排放强度始终处于中高强度区间，说明邵阳市产业结构和能源结构优化有待加快推进，以助推碳减排，实现绿色低碳发展目标。怀化市自"十二五"以来大力推进能源结构优化，加快产业结构转型，在全省 14 个市州中的碳减排幅度最大，持续的碳减排使其于 2016 年的碳排放强度降至低强度区间。但在产业结构上优势不如以生态旅游为主导产业的张家界市和湘西州，因此在 2017 年又重回碳排放强度中低区间，说明怀化市在降低单位 GDP 能耗方面还有进一步提升的空间。

长沙市作为湖南的省会城市，位于碳排放低强度区间，说明近年来该市践行低碳绿色发展成效显著，单位 GDP 能耗显著下降。自"十二五"以来，长沙践行绿色低碳发展理念，2007 年长株潭获批首批"两型社会"建设试点，2017 年长沙市获批第三批国家低碳城市试点。2019 年长沙市发布《2018 年—2025 年低碳发展规划》，规划中提出构建低碳产业体系，到 2025 年，服务业增加值占地区生产总值的比重达到 56%，战略性新兴产业增加值占比达到 25%，规模工业增加值能耗相比 2015 年下降 32%。这些举措都将有助于进一步降低碳排放，实现绿色可持续发展。

6.2.2 湖南省碳排放空间差异分析

泰尔指数的最大特点是可以按加法进行分解，能同时测算组内和组间的差距及其对总差距的贡献，因此本书采用泰尔指数构建模型，测度并分解湖南省碳排放空间特征的区域差异。泰尔指数熵标准为 0~1，数值大小反映地区差异的高低。

6.2.2.1 构建泰尔指数模型

C 表示湖南省碳排放总量之和，C_i 为湖南各市州碳排放总量，g 表示湖南省地区生产总值或总人口，g_i 表示各市州的地区生产总值或总人口，则湖南省碳排放区域差异总体泰尔指数可以定义为式（6-11）

$$T = \sum_{i}^{n} \left(\frac{C_i}{C} \right) \cdot \ln \left(\frac{\frac{C_i}{C}}{\frac{g_i}{g}} \right) \qquad (6-11)$$

设 T_s、T_m、T_n、T_w 和 T_e 分别表示湘南、湘中、湘北、湘西和湘东五个区域碳排放的泰尔指数；C_s、C_m、C_n、C_w 和 C_e 分别湘南、湘中、湘北、湘西和湘东五个区域碳排放总量；g_s、g_m、g_n、g_w 和 g_e 分别表示湘南、湘中、湘北、湘西和湘东五个区域地区生产总值之和或人口总数。则湘南、湘中、湘北、湘西和湘东五个区域碳排放泰尔指数计算公式如下

$$T_s = \sum_{i}^{3} \left(\frac{C_i}{C_s} \right) \cdot \ln \left(\frac{C_i / C_s}{g_i / g_s} \right) \qquad (6-12)$$

$$T_m = \sum_i^2 \left(\frac{C_i}{C_m}\right) \cdot \ln\left(\frac{C_i/C_m}{g_i/g_m}\right) \qquad (6-13)$$

$$T_n = \sum_i^3 \left(\frac{C_i}{C_n}\right) \cdot \ln\left(\frac{C_i/C_n}{g_i/g_n}\right) \qquad (6-14)$$

$$T_w = \sum_i^3 \left(\frac{C_i}{C_w}\right) \cdot \ln\left(\frac{C_i/C_w}{g_i/g_w}\right) \qquad (6-15)$$

$$T_e = \sum_i^3 \left(\frac{C_i}{C_e}\right) \cdot \ln\left(\frac{C_i/C_e}{g_i/g_e}\right) \qquad (6-16)$$

根据泰尔指数的可加分解性,将湖南碳排放的区域差异分为区域间差异 T_1 和区域内差异 T_2,即 $T=T_1+T_2$。计算公式分别为

$$T_1 = \frac{C_s}{C}\ln\left(\frac{C_s/C}{g_s/g}\right) + \frac{C_m}{C}\ln\left(\frac{C_m/C}{g_m/g}\right) + \frac{C_n}{C}\ln\left(\frac{C_n/C}{g_n/g}\right)$$
$$+ \frac{C_w}{C}\ln\left(\frac{C_w/C}{g_w/g}\right) + \frac{C_e}{C}\ln\left(\frac{C_e/C}{g_e/g}\right) \qquad (6-17)$$

$$T_2 = \frac{C_s}{C} \cdot \frac{T_s}{T} + \frac{C_m}{C} \cdot \frac{T_m}{T} + \frac{C_n}{C} \cdot \frac{T_n}{T} + \frac{C_w}{C} \cdot \frac{T_w}{T} + \frac{C_e}{C} \cdot \frac{T_e}{T} \qquad (6-18)$$

当 g 为地区生产总值时,T 为碳排放强度泰尔指数,当 g 代表人口时,T 为人均碳排放泰尔指数。

其中湘南地区包括郴州、永州和衡阳三市,湘中地区为邵阳和娄底两市,湘北地区为岳阳、益阳和常德三市,湘西地区包括湘西州、张家界市和怀化市,湘东地区为长沙、株洲和湘潭三市。

6.2.2.2 湖南碳排放总体差异的测算及分析

由上述泰尔指数公式,分别测算出 2008—2018 年湖南 14 个市州的总体碳排放强度泰尔指数和人均碳排放泰尔指数,分别用 T_{gdp} 和 T_{pop} 表示,具体的测算结果见表 6-4。

表 6-4 湖南碳排放泰尔指数

年份	T_{gdp}	T_{pop}
2008	0.2734	0.3147
2009	0.3607	0.3277
2010	0.3722	0.3320
2011	0.3716	0.3484
2012	0.4114	0.3780

表6-4（续）

年份	T_{gdp}	T_{pop}
2013	0.4394	0.3991
2014	0.4885	0.4387
2015	0.5542	0.4982
2016	0.5634	0.5051
2017	0.5549	0.4837
2018	0.5412	0.4835

　　表6-1结果显示，2008—2018年泰尔指数值均处于0到1区间，结果合理。研究期间湖南省总体碳排放强度泰尔指数以及人均碳排放泰尔指数总体呈上升趋势，其中碳排放强度泰尔指数为0.27~0.55，人均碳排放泰尔指数为0.3~0.5，取值较大，其碳排放总体看来存在较为明显的区域差异。14个市州由于经济发展水平、人口规模等的不同，碳排放呈现一定差异。碳排放强度泰尔指数最大值出现在2016年，为0.5634，最小值出现在2008年，为0.2734。人均碳排放泰尔指数最大值同样出现在2016年，为0.5051，最小值出现在2008年，为0.3147。此外，碳排放强度泰尔指数整体略高于人均碳排放泰尔指数，反映湖南区域内由地区生产总值造成的碳排放区域差异略大于人口规模造成的差异。

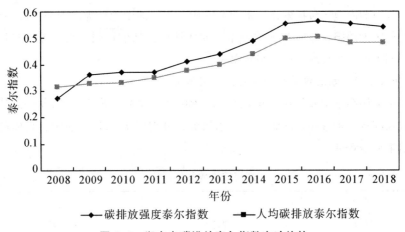

图6-1　湖南省碳排放泰尔指数变动趋势

　　为了更直观地揭示湖南省碳排放泰尔指数的变化趋势，将其变化趋势通过图6-1显示出来。在图6-1中，湖南省碳排放泰尔指数呈"S"形趋势，整体上先升后降，这与湖南省碳排放强度的下降和区域人口总量的逐年上升一致。

其中，2016 年碳排放泰尔指数达到高点后下降，说明 2008—2016 年湖南省 14 个市州碳排放差异扩大，2016 年后地区差异逐步小幅减小。

6.2.2.3 湘南、湘中、湘北、湘西和湘东地区碳排放差异分解分析

为进一步分析湖南省碳排放的区域差异，采用泰尔指数法对湖南中部、南部、北部和东、西部地区碳排放差异进行测定。按照上述泰尔指数计算公式式（6-12）至式（6-18）分别测算出 2008—2018 年湖南各区域碳排放强度泰尔指数和人均碳排放泰尔指数以及区域内泰尔指数和区域间泰尔指数。

湘南、湘中、湘北、湘西和湘东地区碳排放泰尔指数测算结果见表 6-5。从人均碳排放泰尔指数来看，图 6-2 显示 2008—2018 年，湘南、湘中、湘北、湘西和湘东地区人均碳排放泰尔指数取值差异较大。其中湘中地区的人均碳排放泰尔指数值最高，说明邵阳和娄底两市人均碳排放差异较大，且其差异显著高于其他地区。但湘东地区人均碳排放泰尔指数呈现倒 "U" 形，说明两市人均碳排放差异在逐步缩小。而湘西和湘南地区人均碳排放泰尔指数值偏小，均不足 0.1，说明这两个地区人均碳排放差异小，尤其是湘西地区泰尔指数逐年下降，人均碳排放地区差异进一步缩小。湘东地区的泰尔指数呈上升趋势，说明长株潭地区人均碳排放差异逐渐扩大。湘北地区泰尔指数呈 "W" 形波动，最近 5 年来泰尔指数稳步小幅下降，人均碳排放地区差异逐年缩小。总体来看，人口规模对湘中地区碳排放差异影响显著高于其他地区。

表 6-5 湘南、湘中、湘北、湘西和湘东地区碳排放泰尔指数测算结果

年份	湘东		湘北		湘南		湘西		湘中	
	T_{pop}	T_{gdp}	T_{pop}	T_{gdp}	T_{pop}	T_{gdp}	T_{pop}	T_{gdp}	T_{pop}	T_{gdp}
2008	0.12	0.33	0.21	0.13	0.16	0.08	0.06	0.05	0.44	0.26
2009	0.14	0.39	0.14	0.09	0.17	0.08	0.10	0.09	0.49	0.29
2010	0.19	0.41	0.09	0.06	0.16	0.08	0.07	0.05	0.57	0.31
2011	0.22	0.44	0.12	0.08	0.16	0.08	0.07	0.04	0.59	0.29
2012	0.22	0.45	0.20	0.13	0.18	0.09	0.07	0.03	0.51	0.19
2013	0.23	0.45	0.20	0.13	0.18	0.09	0.05	0.01	0.51	0.17
2014	0.24	0.46	0.18	0.12	0.21	0.11	0.04	0.01	0.54	0.19
2015	0.23	0.44	0.24	0.17	0.21	0.11	0.05	0.01	0.54	0.19
2016	0.24	0.45	0.25	0.18	0.22	0.12	0.04	0.01	0.53	0.17

表6-5(续)

年份	湘东		湘北		湘南		湘西		湘中	
---	T_{pop}	T_{gdp}	T_{pop}	T_{gdp}	T_{pop}	T_{gdp}	T_{pop}	T_{gdp}	T_{pop}	T_{gdp}
2017	0.25	0.48	0.21	0.17	0.20	0.12	0.01	0.00	0.49	0.15
2018	0.32	0.57	0.22	0.18	0.18	0.10	0.02	0.01	0.42	0.09

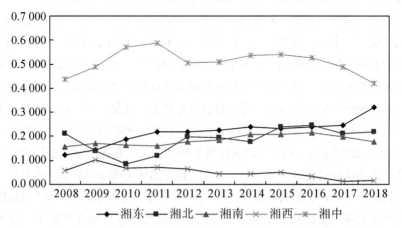

图6-2　湘南、湘中、湘北、湘西和湘东地区人均碳排放泰尔指数

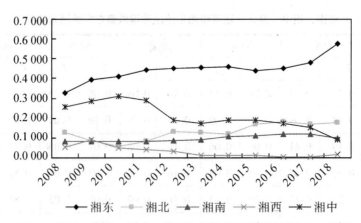

图6-3　湘南、湘中、湘北、湘西和湘东地区碳排放强度泰尔指数

从碳排放强度泰尔指数来看，图6-3显示2008—2018年，湘南、湘中、湘北、湘西和湘东地区碳排放强度泰尔指数取值及波动均较大。其中湘东地区的碳排放强度泰尔指数值最高，且呈现上升趋势，显示长株潭地区碳排放强度

差异较大，且其差异显著高于其他地区，说明 GDP 对碳排放地区差异影响显著。和湘东地区相反，湘中地区碳排放强度泰尔指数呈现波动性下降，说明邵阳、娄底两市碳排放强度差异在逐年缩小。湘西地区碳排放强度泰尔指数值最小，均不足 0.1，2013 年后稳定在 0.01，几乎等于零，说明湘西地区几乎不存在碳排放强度差异。湘北地区碳排放强度泰尔指数较为稳定，说明湘北地区人均碳排放存在一定差异但差异变化不大。而湘南地区人均碳排放泰尔指数呈现"W"形波动趋势，2010 年差异显著缩小后又逐年扩大，地区内部碳排放强度仍然存在一定差异。

6.2.2.4　湖南碳排放区域间和区域内差异分解分析

区域内泰尔指数和区域间泰尔指数测算结果见表 6-6，2008—2018 年湖南省碳排放强度区域间泰尔指数显著高于区域内泰尔指数，说明湖南省碳排放强度差异主要由区域间差异导致。区域间 T_{gdp} 值由 0.069 7 增长为 0.257 6，增长了 269%，可见碳排放强度区域间差异显著扩大，而区域间 T_{pop} 由 0.073 1 增长为 0.165 1，增长 126%。区域间人均碳排放泰尔指数显著扩大，但扩大幅度相比碳排放强度区域间泰尔指数小。而区域内泰尔指数在 2008—2018 年变化极小，研究期内区域内 T_{gdp} 值由 0.143 4 减少为 0.140 2，小幅下降了 2%，碳排放强度的区域内差异有所缩小，但变化不大；2008 年 T_{pop} 值为 0.171 7，2018 年为 0.178 6，小幅增加了 4%，人均碳排放的区域内差异有所扩大。

相比区域间泰尔指数的变化，区域内泰尔指数较为稳定，可以看出湖南省碳减排使得区域间碳排放差异呈现显著扩大趋势，因此，在实施碳减排政策措施时应该把更多注意力放在调控湘南、湘北、湘东、湘中、湘西区域间的碳排放差异上，制定适宜该区域经济、社会和环境条件的低碳发展规划。

表 6-6　　　湖南省区域内和区域间碳排放泰尔指数测算结果

年份	区域间		区域内		总体指数	
	T_{gdp}	T_{pop}	T_{gdp}	T_{pop}	T_{gdp}	T_{pop}
2008	0.0697	0.0731	0.1434	0.1717	0.2131	0.2448
2009	0.1432	0.0778	0.1438	0.1743	0.2870	0.2521
2010	0.1503	0.0731	0.1288	0.1620	0.2791	0.2352
2011	0.1374	0.0788	0.1323	0.1679	0.2697	0.2467
2012	0.1823	0.0930	0.1468	0.1754	0.3291	0.2684
2013	0.2150	0.1118	0.1428	0.1707	0.3577	0.2825
2014	0.2485	0.1283	0.1445	0.1677	0.3931	0.2959

表6-6(续)

年份	区域间		区域内		总体指数	
	T_{gdp}	T_{pop}	T_{gdp}	T_{pop}	T_{gdp}	T_{pop}
2015	0.2974	0.1580	0.1435	0.1559	0.4409	0.3139
2016	0.2931	0.1586	0.1435	0.1604	0.4366	0.3190
2017	0.2754	0.1574	0.1363	0.1693	0.4117	0.3268
2018	0.2576	0.1651	0.1402	0.1786	0.3978	0.3437

6.2.3 湖南省碳排放空间相关分析

6.2.3.1 全局空间相关分析

根据空间相关性指标的计算原理，这里运用 geoda 软件对湖南省碳排放的全局莫兰指数和 Geary 指数 C 进行了测算，结果见图6-4。

2008—2018 年湖南省碳排放的全局莫兰指数均大于 0.4，表明该时期省内各市州碳排放存在一定的正向空间自相关，全局莫兰指数呈现"M"形波动趋势，莫兰指数值在 2013 年达到最大值为 0.467 1，随后开始快速下降，在 2017 年出现反弹，但 2018 年继续缩小至 0.414 0，总体来看湖南省碳排放莫兰指数的变化不大，一直在 0.4 至 0.5 的区间上下波动，各市州碳排放空间相关性呈现上下波动特征，没有明显趋势，但在 2013 年空间相关性最为显著。

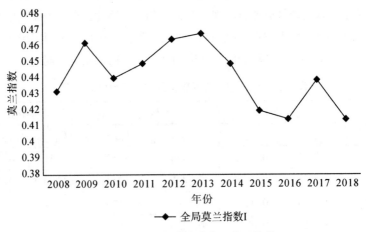

图 6-4　湖南省碳排放全局莫兰指数

2008—2018 年湖南省碳排放的 Geary 指数 C 均小于 1，表明该时期省内各市州碳排放存在正的空间自相关，

6.2.3.2 局部空间相关分析

本书运用 Geoda 软件测算了 2008—2018 年湖南省碳排放的 LISA 值并分析集聚演变，结果见表 6-7。根据碳排放特征分为高高集聚、低低集聚、高低集聚和低高集聚四种类型。湖南碳排放高高集聚区主要分布在湘东北部地区，而低低集聚区主要在湘西地区，如怀化市和吉首市，说明就能源碳排放量而言，湘东北部地区始终是最具活力的地区，碳排放量始终占据主导地位。但以怀化市、吉首市为核心的湘西地区则属于低值簇，处于低低集聚区域，且随着时间的推移，这种局面并未发生过实质性的转变。

表 6-7　　　2008—2018 年湖南省碳排放的 LISA 集聚演变

年份	高高集聚	低低集聚
2008	益阳、湘潭	湘西
2009	益阳、长沙、湘潭	湘西
2011	益阳、湘潭	湘西、怀化
2013	湘潭	湘西
2016	益阳	湘西
2018	长沙	湘西

从湘东、湘南、湘西、湘北和湘中五大区域来看，在研究期内总体上中部、南部和西部地区碳排放变化不大；而东北部地区变化幅度相对较大。从整体的碳排放水平来看，湖南各市州间的碳排放空间差距显著，经济、能源、环境协调发展仍面临较大挑战。

基于 2008—2018 年湖南省及各市州碳排放数据，本书运用空间计量统计方法研究了湖南省 14 个市州碳排放的空间差异动态演化特征，在此基础上得出以下结论：第一，全局莫兰指数均为正值，研究期内在 0.4 至 0.5 上下波动，说明湖南省各市州间碳排放呈现出较强的空间自相关性，碳排放相似的地区在空间上集聚分布，碳排放较高的地市与碳排放较高的地市相毗邻，碳排放较低的市州也趋于邻接，但这种空间集聚的态势随着时间的推移有所波动和减弱。第二，自 2002 年以来，高高集聚区主要集中在湘东北部地区，而低低集聚区主要在湘西一带，高高集聚区和低低集聚区的空间分布和数量变化均不显著，湘西和湘东中部地区碳排放水平差距仍然较大，经济、能源、环境协调健康发展任务艰巨。由此可见，湖南省应加强跨区域的技术交流与合作，提高碳排放效率，结合碳排放空间差异演化特征因地制宜地制定差别化的能源消费政策。一方面湘东北部经济发展水平相对较高，应以高新技术的发展为牵引力，有效提高能源碳排放效率；另一方面湘西地区应继续坚持绿色发展、低碳发展、循环发展战略。

本节从总体和局部两个方面分析了湖南省碳排放空间差异动态演化特征，实证分析结果基本符合湖南省目前的实际情况。但由于数据的限制，本节依据主要能源消费品种进行碳排放测算，虽有代表性但并未涵盖所有的能源品种，最终测算的碳排放量可能比实际的碳排放量低。同时本节并未对能源碳排放的空间演化的驱动因素进行分析探讨，这些将会在后续章节中进一步阐述。

6.3　湖南省碳排放时空差异的影响因素分析

上述研究显示，2008 年以来湖南省碳排放的莫兰指数均大于 0.4，说明湖南省碳排放量在空间上并不是随机分布的，而是存在着空间自相关性，且表现出较为显著的空间集聚特征。因此用标准计量分析无法分解碳排放的影响因素，需要构建空间计量模型加以分析，以得出更加客观科学的结论。

基于第 3~5 章实证分析结论，本节以湖南省及其各市州碳排放量为因变量，选择了人均 GDP、总人口、煤炭消费占比（煤炭消费量/能源消费总量）、城镇化率（城市人口占总人口的比重）、产业结构（第二产业比重）等 5 个指标作为解释变量，并考虑空间效应（空间依赖性和空间异质性），构建空间计量模型对湖南省碳排放的影响因素进行实证分析。

6.3.1　空间计量模型的选择

空间回归之前需选择合适的空间计量模型，空间面板拉格朗日乘数（LM）检验结果显示，应选择包含空间滞后项与空间误差项的空间杜宾模型 SDM，再通过 Hausman 检验判断使用固定效应的空间杜宾模型还是随机效应的空间杜宾模型，Hausman 检验结果见表 6-8。因为表 6-4 中 χ^2 为 -5.47，小于零，接受原假设，可以选择随机效应的空间杜宾模型。模型表示见式（6-19）

$$y = \lambda W y + X\beta + W X\delta + \varepsilon \qquad (6-19)$$

式中，y 代表湖南省碳排放总量或者碳排放强度，$\lambda W y$ 表示邻近市州碳排放对本市州碳排放的影响，λ 为空间自回归系数，$W X\delta$ 表示来自邻近市州的碳排放影响因素对本市州的碳排放的影响，δ 为空间滞后系数。

表 6-8   Hausman 检验结果

解释变量	固定效应	随机效应	差异
人均 GDP	-0.0039	-0.0081	0.0042
产业结构	328.25	387.83	-59.58
总人口	0.4222	1.4485	-1.0264
单位 GDP 能耗	-228.15	-199.09	-29.06
城镇化率	1329.822	1053.323	276.4992
χ^2		-5.47	

6.3.2 湖南省碳排放总量时空差异影响因素分析

在考虑空间因素的基础上，利用 Stata16.0 和极大似然估计法（MLE）对模型进行参数估计，并采用偏微分法将空间溢出效应分解为直接效应和间接效应，以便准确度量空间效应，估计结果见表 6-9。

表 6-9   碳排放量 SDM 随机效应模型估计结果

直接解释变量		直接效应	
人均 GDP	4.582e-06 ***	人均 GDP	3.855e-06 **
产业结构	534.8065	产业结构	507.3167
总人口	0.178198	总人口	0.276902
单位 GDP 能耗	133.16457 *	单位 GDP 能耗	136.24671 *
城镇化率	1053.3229 *	城镇化率	987.25762 *
空间滞后解释变量		间接效应	
人均 GDP	-0.0000256 **	人均 GDP	0.00001722 *
产业结构	752.1411	产业结构	361.512
总人口	1.976458	总人口	1.510665
单位 GDP 能耗	39.03317	单位 GDP 能耗	0.896609
城镇化率	2104.308	城镇化率	1109.198
空间滞后系数		总效应	
rho	0.42280366 *	人均 GDP	0.00002107 **
		产业结构	868.8287

表6-9(续)

直接解释变量		直接效应	
Variance		总人口	1. 233763
lgt_ theta	2. 6755604 ***	单位 GDP 能耗	137. 1433
sigma2_ e	5438. 3832 ***	城镇化率	2096. 456

注：* 表示 p<0.1；** 表示 p<0.05；*** p<0.01

空间滞后系数为 0. 422 803 66 并在 10%水平上显著，说明邻近市州碳排放的增加会导致本市州的碳排放增加，产业结构和人口规模均对碳排放量的影响不显著，主要影响因素为经济发展水平（人均 GDP）、单位 GDP 能耗和城镇化率。

经济发展水平对碳排放的直接效应为正且显著，表明各市州经济在发展过程中对当地碳排放影响明显，显示经济增长仍然是造成碳排放的主要原因。经济发展水平的间接效应也为正并在 10%水平上显著，邻近市州经济发展会推高本地区碳排放，相邻市州人均 GDP 每提高 1 元，则本地区碳排放量增加 0. 172 2 万吨。总体来看，经济发展水平会导致碳排放量增加，人均 GDP 每提高 1 元，则碳排放量增加 0. 210 7 万吨。

单位 GDP 能耗对碳排放量的影响显著，直接效应在 10%水平上显著为正，说明各市州单位 GDP 能耗的增加会导致碳排放量增加，如果每万元 GDP 的能耗增加 1 吨标准煤，那么当地碳排放将增加 136. 246 71 吨。在能源禀赋较高的地区，比如娄底市可供利用的煤炭资源比较丰富，由于比较优势，更倾向于提高能耗来谋求经济发展，经济发展依赖高碳路径。此外，临近效应会刺激周边地区的能源使用，使得这些地区的碳排放增加。

城镇化率对碳排放具有显著的正向影响，其直接效应在 10%水平上显著为正，说明当地城镇化进程的加快助推了碳排放量的增加。伴随城镇化进程的加速，大量的基础设施建设以及居民消费方式的转变使得湖南省及各市州碳排放量增加，还产生了显著的空间溢出效应，提高了相邻地区的碳排放量。然而随着城镇基础设施存量的不断增加，生产生活逐渐进入平稳发展期，城镇化的规模效应、集聚效应才能发挥。

综上，对碳排放存在较强空间溢出效应的主要为经济发展水平，而且当前湖南省还处于库兹涅茨曲线的左端向上爬升阶段，经济增长伴随碳排放量增加，如何确保经济发展的同时实现碳排放量的下降，进而实现低碳绿色发展仍然是湖南省和各市州面临的重大挑战。

本节通过构建随机效应空间杜宾模型分析了湖南省碳排放的相关影响因素。研究发现：湖南省各市州碳排放效率存在正的空间溢出效应，经济发展水平、单位 GDP 能耗和城镇化均对碳排放产生正向影响，尤其是经济发展水平，直接效应和间接效应均较为显著。

6.3.3　湖南省碳排放强度时空差异的影响因素分析

本节通过 Hausman 检验判断采用固定效应还是随机效应模型，Hausman 检验结果见表 6-10，χ^2 为 6.95，大于零，拒绝原假设，应当选择固定效应的空间杜宾模型。

表 6-10　　　　　　　　　　Hausman 检验结果

解释变量	固定效应	随机效应	差异
人均 GDP	−16743.1	−8020.7	1433.131
产业结构	10166.22	7050.548	1122.622
总人口	14235.14	8704.849	2741.241
单位 GDP 能耗	8166.08	−495.274	717.388
城镇化率	14138.8	−2564.39	3493.896
χ^2	6.95		

利用 Stata16.0 对模型进行参数估计，并采用偏微分法将空间溢出效应分解为直接效应和间接效应，以便准确度量空间效应，估计结果见表 6-11。

表 6-11　碳排放强度 SDM 双向固定效应模型估计结果

直接解释变量		直接效应	
人均 GDP	−12381.922***	人均 GDP	−13065.91***
产业结构	10166.218***	产业结构	10529.587**
总人口	14235.137***	总人口	15990.806***
单位 GDP 能耗	8166.0796***	单位 GDP 能耗	9045.6748***
城镇化率	14138.795*	城镇化率	13944.799**
空间滞后解释变量		间接效应	
人均 GDP	2785.993	人均 GDP	8090.0686**
产业结构	−1062.95	产业结构	−6039.24

表6-11(续)

直接解释变量		直接效应	
总人口	−15329.713 **	总人口	−16554.226 ***
单位 GDP 能耗	−8886.3727 ***	单位 GDP 能耗	−9352.3548 ***
城镇化率	10145.67	城镇化率	−1890.72
空间滞后系数		总效应	
rho	−.862862 ***	人均 GDP	4975.8418 **
		产业结构	44010.342
Variance		总人口	−563.421
sigma2_ e	525193.35 ***	单位 GDP 能耗	−306.68
		城镇化率	12054.08

注：* 表示 p<0.1；** 表示 p<0.05；*** 表示 p<0.101

结果显示人均 GDP、产业结构、人口规模、单位 GDP 能耗和城镇化率均对碳排放强度有显著影响。空间滞后系数为−0.862 862 并在 1% 水平上显著，说明邻近市州碳排放强度的增加会导致本地区的碳排放强度的下降。根据碳排放强度的定义，碳排放强度是单位 GDP 的碳排放量。当前有部分学者如黄德春和徐慎辉（2016）、冯学良和聂强（2017）的研究表明，GDP 增加值存在正的溢出作用，也就是说，邻近市州碳排放强度的增加会降低本地碳排放强度主要是由于碳排放量存在负的空间溢出效应。这可能是各市州生产资源禀赋及产业结构的异质性所致。

人均 GDP 对碳排放强度的直接效应为负且显著，表明各市州经济在发展过程中对当地碳排放强度影响明显，经济增长有助于降低碳排放强度。经济发展水平的间接效应也为正并在 5% 的水平上显著，邻近地市经济发展会导致本地碳排放强度的增加，相邻市州人均 GDP 每提高 1%，则本地区碳排放强度增加 0.809 0 万吨。总体来看，经济发展水平会导致碳排强度下降，人均 GDP 每提高 1%，则碳排放强度下降 0.497 5 万吨。

产业结构（第二产业占比）对碳排放强度存在正向影响，即第二产业占比越大，碳排放强度越高，结果显示产业结构直接效应在 5% 的水平上显著为正。各市州第二产业产值之比每增加 1%，其碳排放强度增加 1.053 0 万吨。产业结构间接效应并不显著，邻近市州的产业结构对本地区的碳排放强度并没有溢出效应。总体效应上，第二产业占比每增加 1%，各市州碳排放强度增加

0.449 0 万吨。综上可见，第二产业碳排放量较高，对碳排放强度影响较为显著，因此产业结构升级转型是降低湖南及其市州碳排放强度的有效措施。

人口规模对碳排放强度存在正向影响，说明随着人口规模的扩大，碳排放压力增加。其直接效应在1%的水平上显著为正，当地总人口每增加1%，其碳排放强度增加1.599 1万吨，说明人口增加，人口密度的增大带来较大碳排放压力。而间接效应在1%的水平上显著为负，即邻近市州人口每增加1%，本地碳排放强度下降1.655 4万吨，这可能源于人口向相邻市州流动带来碳排放量减少。

单位GDP能耗对碳排放强度的影响显著为正，直接效应在1%的水平上显著为正，说明各市州单位GDP能耗的增加会导致碳排放强度增加，如果每万元GDP的能耗增加1%，那么当地碳排放强度将增加0.904 6万吨。但从间接效应来看，邻近市州单位GDP能耗对当地碳排放强度起着显著的负向作用。

城镇化率对碳排放具有显著的正向影响，其直接效应在5%的水平上显著为正，城镇化率每增加1%，碳排放强度会提高1.394 5万吨，当地城镇化的加快对碳排放强度的正向影响显著，而城镇化率的间接效应并不显著。

综上，对碳排放强度存在较强空间溢出效应的主要为人均GDP、总人口和单位GDP能耗，直接效应和间接效应均较为显著。

6.3.4 政策启示

以上分析对于湖南省碳减排的政策启示如下：

①转变经济发展模式，提高投入与产出效率，注重发展低碳排放的绿色高新技术产业，积极引进高质量、高效益的项目，优先发展先进工业和拥有绿色生产流程的企业，淘汰技术效率落后、对环境污染严重的项目，在经济发展的同时实现生态环境优化。

②提高能源使用效率，加大低碳能源开发及使用技术研发的投入力度，提高化石燃料的利用率，提高风能、水能和太阳能等绿色能源在能源消费中的比重。

③走集约、智能、绿色、低碳的新型城镇化之路，城镇化通过影响经济增长、居民消费升级、产业结构转换进而影响碳排放。当前湖南省城镇化对碳排放起着正向推动作用，说明城镇化进程中大规模人口和经济活动聚集，引起能源消费量和碳排放量的增加。当前湖南省整体城镇化率还低于60%，各市州城镇化程度差异大，还处于城镇化加速发展的阶段。城镇化的最重要作用是发挥规模经济效益，提高要素集聚效率，因此，要实现城镇化和碳排放的协调，发展集约、智能、绿色、低碳的新型城镇化是必由之路。

7 结论、启示及展望

7.1 主要结论

伴随全球气候变暖，低碳经济成为世界各国的发展战略。在此背景下，中国做出碳减排承诺。为应对气候变化，虽然我国近年来的碳减排工作取得了明显成效，2018 年全国碳排放强度比 2005 年累计下降 45.8%，提前达到了 2020 年碳排放强度比 2005 年下降 40% 至 45% 的国际承诺，但未来要实现经济可持续发展，碳减排工作仍然任重道远。鉴于此，本书在以往文献研究的基础上，依据低碳经济理论、可持续发展理论、环境库茨涅茨曲线理论等，基于湖南省碳排放的时间序列数据以及市域面板数据对湖南省碳排放现状、时空差异动态演化、影响因素及其空间溢出性等相关问题进行全面深入的实证研究，以期为湖南省制定并执行因地制宜的差异化碳减排政策提供决策参考和科学依据。

首先，本书根据 IPCC 的碳排放量测算方法，估算湖南省及各市州碳排放总量、人均碳排放和碳排放强度数据，并基于 1995—2018 年时间序列数据进行协整检验，考察了能源消费结构、经济发展水平、人口规模、产业结构以及城镇化等影响因素与碳排放总量和人均碳排放之间的长期协整关系。

其次，基于 2008—2018 年的市域面板数据，运用空间统计分析方法分别从空间依赖性和空间异质性两方面考察了湖南省碳排放总量、人均碳排放和碳排放强度的空间分布特征及其动态演化趋势。

最后，基于碳排放显著的空间相关性，纳入空间效应构建碳排放分析的空间杜宾模型 SDM，分析湖南各市州碳排放时空差异的影响因素，考察不同区域碳排放差异的深层次原因，并对各因素的空间效应进行分解，以便了解不同影响因素对碳排放的直接效应、间接效应和总体效应。

通过深入的理论研究和翔实全面的实证检验，我们得到以下结论：

①从时序角度来看，总体上湖南省碳排放总量和人均碳排放均呈上升趋势，其中增速达峰年份是 2006 年，最高增长率分别达到了 40% 和 80%，随后碳排放及人均碳排放均进入缓慢增长阶段。碳排放强度的发展趋势则表现为总体下降，除 2005 年和 2006 年出现上升外，其他年份均呈下降趋势。

②从空间格局来看，碳排放量与碳排放强度均表现出显著的区域差异，碳排放量总体呈现东高西低的格局。东北部一直为全省碳排放量最多的区域，如岳阳、娄底和湘潭三市碳排放量始终位列前三，而湘西地区碳排放量一直位于全省最低水平。碳排放强度也大体呈现出东高西低的格局，湘东地区长沙例外，其碳排放强度始终处于较低水平，这得益于长沙产业转型和"两型社会"发展配套改革。湘西地区怀化市碳减排效果较为显著，研究期内碳减排速度快、幅度大，由此可以看出怀化和长沙两市的碳减排效果最佳，其碳减排经验值得其他市州借鉴。

③影响湖南省碳排放的因素众多。主成分因子分析发现经济发展公因子、技术因子对碳排放解释能力较强，人口因子对碳排放解释能力弱于经济因子和技术因子，而能源因子对湖南省碳排放解释能力最弱。

④基于湖南省 1995—2018 年的碳排放时间序列数据进行的协整检验结果显示，湖南省能源消费结构和经济发展水平与碳排放存在长期的协整关系，能源结构和经济发展水平与碳排放呈正相关关系，产业结构和城镇化率影响并不显著，过多依赖煤炭的能源消费结构是湖南省碳减排的最大障碍。

⑤湖南省各市州碳排放呈现显著的空间相关性。2008—2018 年湖南省各市州碳排放的全局莫兰指数值，均通过了 5% 以上的显著性检验，且系数始终在 0.4~0.5 区间波动。表明湖南省各市州碳排放空间分布并非是完全随机的，而是具有显著的空间依赖特征，具有相似碳排放的市州倾向于集聚在一起，说明湖南省各市州碳排放变化受到了空间相关性因素的显著影响。实证研究中在计量模型中纳入空间效应十分必要，如果忽略这种空间因素会导致模型估计与实际结果的偏差。莫兰散点图和 LISA 集聚图结果显示，高高集聚型中以湘东北地市居多，低低集聚型则主要集聚在湘西地区，且这种集聚模式在研究期内未发生太大变化，说明湖南省碳排放的空间集聚特征持续显著。地理位置相邻的市州资源禀赋较为相近，由于邻近地区间资金流动、技术和信息的交流和传递等较为频繁，将空间因素纳入面板模型进行回归分析以研究碳排放时空差异的影响因素具有合理性。

⑥基于面板数据的空间计量模型的实证结果显示湖南省各市州碳排放效率存在正的空间溢出效应，经济发展水平、单位 GDP 能耗和城镇化均对碳排放

产生正向影响，尤其是经济发展水平，直接效应和间接效应均较为显著。对碳排放强度存在较强空间溢出效应的主要为人均 GDP、总人口和单位 GDP 能耗，直接效应和间接效应均较为显著。

7.2 政策启示

根据上述理论和实证研究结论，湖南省政府在制定节能减排政策时，应充分认识到湖南省各市州碳排放存在的空间交互效应，充分考虑各地经济发展、资源禀赋的差异和特色，促进各市州之间的协同合作和协同发展，最终实现湖南省碳减排的目标。政策启示如下：

①加强各市州间的碳减排合作力度。湖南省各市州间碳排放存在显著空间相关性，碳减排政策制定和执行中若不考虑空间交互作用可能会导致减排政策失灵。这就要求各市州之间充分认识到空间交互效应，关注周边地市的碳减排政策及相关影响因素变动的影响，增强区域间合作力度，共同推进低碳经济的发展。尤其怀化和长沙两市碳减排效果显著，需要加强其他市州与其的交流合作，发挥其示范作用。

②依据各市州经济发展、人口、资源禀赋和城镇化进程等方面的特点，因地制宜制定碳减排差异化政策。从湖南省各市州碳排放的空间分布格局来看，湘东北地区的能源效率较低，碳排放量较高，如湘潭、娄底和岳阳等市，上述地区应着力于产业结构转型，优化经济增长模式，培育发展高新技术及高端服务业等新兴产业，加大清洁技术和能源的使用。湘西地区碳排放较低，可以依托资源优势进一步大力发展生态旅游、生态农业等低碳产业，并给其他市州提供借鉴和示范。

③走集约、智能、绿色、低碳的新型城镇化之路。城镇化通过影响经济增长、居民消费升级、产业结构转换进而影响碳排放，当前湖南省城镇化对碳排放起到正向推动作用，说明城镇化进程中大规模人口和经济活动聚集，引起能源消费量和碳排放量的增加。当前湖南省整体城镇化率还低于 60%，各市州城镇化程度差异大，还处于城镇化加速发展的阶段，要实现城镇化和碳排放的协调，发展集约、智能、绿色、低碳的新型城镇化是必由之路。

④优化能源结构，发展低碳化能源。湖南省可积极挖掘能源消费结构对碳排放量增加的抑制作用，在调整和优化能源结构的同时，努力提高能源利用效率，推动生产低碳化发展，切实做到"产业两型化"。为优化能源消费结构，

应提高城市气化水平和高质量燃料供应水平来改善城市燃料供应，还需做到能源技术创新及有效开发和利用，如新一代纤维素乙醇、氢燃料、核能、太阳能和风能、碳捕获及封存和可再生能源等新技术。

⑤产业结构转型，推进工业低碳化。湖南省目前工业化和城镇化程度并不高，重工业化特征的行业也正处于快速增长期。产业结构转型首先是要实现工业结构的调整，大力推进清洁能源产业化。其次，积极推进装备制造业的低碳转型。最后，大力发展知识密集型和技术密集型等高新技术产业。

⑥打造低碳生活方式和生活环境。积极倡导低碳生活理念，有效降低日常生活中的碳排放量。挖掘建筑节能、农村节能，政府可采取相应政策积极推广清洁能源的利用，大力倡导节能电器和节能材料的使用，以引导全民节能。

⑦完善制约机制，加强法律体系建设。制约机制是为了使发展符合世界先进发展理念、避免再走发展弯路进行的制度设计。作为全国首个两型示范区建设试点，湖南省必须要有明确的低碳发展标准。一是严格执行刚性排放指标，通过严格的刚性排放约束加快低碳经济发展速度。二是要提高高碳产业的市场准入门槛，大力推动低碳产业发展。三是完善碳税征收机制。进一步加大对碳税的征收力度，合理利用税收这一分配杠杆，有效地制约企业的业务选择，促使企业加大低碳设施建设力度。法规体系是政策措施的体现社会和行为准则的规范。湖南省要实现绿色低碳发展，建立相应的政策法律体系是必不可少的。一是政策支持。湖南省要进一步推动低碳绿色发展，首先应加强对清洁、低碳能源开发和利用的鼓励政策力度，促进能源的清洁发展；其次，应大力推动可再生能源发展的机制建设，改善可再生能源发展的市场环境与制度环境。二是法律保障。我国目前在碳排放方面已经有了较为完善的立法保障，但是，只有保证法律能够得到有效落实才能实现碳减排和推进低碳发展。

7.3　研究展望

本书采用 IPCC 碳排放测算方法，测算了湖南省及 14 个市州的碳排放总量、人均碳排放和碳排放强度，并采用协整分析、空间统计、空间计量等方法进行了实证研究，较为深入地分析了湖南省碳排放、空间差异的动态演化及影响因素，但仍存在一些问题有待进一步研究。

首先，基于原煤、原油、焦炭、天然气等主要的 8 种化石能源的消费量估算碳排放，不能全面准确地反映各个生产生活环节的碳排放。这一方法属于间接计算方法，碳排放数据会有一定误差，后续将进一步探索更全面、科学的碳排放计算方法。

其次，本书在进行空间计量分析时基于距离倒数来构建空间权重矩阵，没有考虑经济距离、产业距离和技术距离来构建综合距离的空间权重矩阵，也没有考虑对空间权重矩阵的设定进行动态化或指数化，以反映各市州间复杂的空间交互关系，如何结合湖南省碳排放研究问题的需要设定和构建空间权重矩阵仍然是值得进一步研究的问题。

最后，本书主要基于时间序列数据和空间面板数据采用了因子分析、协整检验和空间计量等方法考察了湖南省碳排放与其影响因素的关系，没有考虑动态面板分析，无法综合验证时间效应和空间效应，基于动态面板数据采用空间计量模型全面分析湖南省碳排放及其影响因素值得进一步研究。

参考文献

部秀萍，陈劭锋，宁淼，2014. 中国省级区域碳排放影响因素的实证分析 [J]. 生态经济 (3)：34-37.

曹广喜，杨灵娟，2012. 基于间接碳排放的中国经济增长，能源消耗与碳排放的关系研究 1995—2007 年细分行业面板数据 [J]. 软科学，26 (9)：1-6.

曹洪刚，佟昕，陈凯，2015. 中国碳排放的区域差异实证研究：基于 2000 ~2011 年省际面板数据的研究 [J]. 工业技术经济 (11)：84-96.

陈彬，杨维思，2017. 产业园区碳排放核算方法研究 [J]. 中国人口·资源与环境，27 (3)：1-10.

陈迅，吴兵，2014. 经济增长、城镇化与碳排放关系实证研究：基于中国、美国的经验 [J]. 经济问题探索 (7)：112-117.

程乐棋，张华，鄢威，等，2018. 遗传小波神经网络在机床碳排放预测中的应用 [J]. 机械设计与制造 (5)：137-140.

戴东轩，2014. 我国制造业碳排放量趋势及其对工业增加值影响的研究 [D]. 天津：天津大学.

邓小乐，孙慧，2016. 基于 STIRPAT 模型的西北五省区碳排放峰值预测研究 [J]. 生态经济 (32)：36-42

杜立民，2010. 我国二氧化碳排放的影响因素：基于省级面板数据研究 [J]. 南方经济 (11)：20-33.

杜强，陈乔，陆宁，2012. 基于改进 IPAT 模型的中国未来碳排放预测 [J]，环境科学学报，32 (9)：2294-2302.

樊星，马树才，朱连洲，2013. 中国碳减排政策的模拟分析：基于中国能源 CGE 模型的研究 [J]. 生态经济 (9)：50-54.

冯学良，聂强，2017. 产业结构变迁促进了经济增长吗？：基于中国省际数据的空间计量分析 [J]. 西北农林科技大学学报（社会科学版）（5）：104-112.

傅京燕，司秀梅，2017. "一带一路"沿线国家碳排放驱动因素、减排贡献与潜力 [J]. 热带地理（1）：1-9.

干春晖，郑若谷，余典范，2011. 中国产业结构变迁对经济增长和波动的影响 [J]. 经济研究（5）：4-16.

关伟，王舒，许淑婷，2019. 出口贸易碳排放效率时空特征与影响因素：以中国沿海省份为例 [J]. 生态经济（1）：30-36.

国家统计局，2018. 中国统计年鉴2018 [M]. 北京：中国统计出版社.

韩元军，吴普，2016. 京津冀地区旅游业的碳排放测算与比较研究 [J]. 人文地理（4）：127-134.

胡艳兴，潘竟虎，王怡睿，2015. 基于 ESDA-GWR 的1997-2012年中国省域能源消费碳排放时空演变特征 [J]. 环境科学学报，35（6）：1896-1906.

湖南省统计局，2018. 湖南省统计年鉴2018 [M]. 北京：中国统计出版社.

黄德春，徐慎辉，2016. 新常态下长江经济带的金融集聚对经济增长的影响研究：基于市级面板数据的空间计量分析 [J]. 经济问题探索（10）：160-167.

黄蕊，王铮，2016. 基于 STIRPAT 模型的江苏省能源消费碳排放影响因素分析及趋势预测 [J]. 地理研究（4）：181-189.

黄霞，2018. 中国碳排放的测算和影响因素研究 [D]. 北京：北京交通大学.

纪广月，2014. 基于灰色关联分析的 BP 神经网络模型在中国碳排放预测中的应用 [J]. 数学的实践与认识，44（14）：243-249.

蒋金荷，2011. 中国碳排放量测算及影响因素分析 [J]. 资源科学，33（4）：597-604.

解品磊，2018. 基于 LEAP 模型的吉林省工业碳排放模拟研究及碳减排路径选择 [D]. 长春：吉林大学.

阚大学，罗良文，2010. 我国城镇化对能源强度的影响：基于空间计量经济学的分析 [J]. 当代财经（3）：83-88.

邝嫦娥，邹伟勇，2018. 环境规制与能源消费碳排放：理论分析及空间实证 [J]. 湘潭大学学报（哲学社会科学版）（5）：81-86.

李小胜，张焕明，2016. 中国碳排放效率与全要素生产率研究 [J]. 数量经济技术经济研究（8）：64-79，161.

刘志雄，2011. 中国能源消费、经济增长与碳排放的关系研究 [J]. 煤炭经济研究，（4）：37-43.

卢祖丹，2011. 我国城镇化对碳排放的影响研究 [J]. 中国科技论坛（7）：134-140.

马大来，陈仲常，王玲，2015. 中国省际碳排放效率的空间计量 [J]. 中国人口·资源与环境（1）：66-67.

马丁，陈文颖，2016. 中国 2030 年碳排放峰值水平及达峰路径研究 [J]. 中国人口·资源与环境（26）：1-4.

马宏伟，刘思峰，赵月霞，等，2015. 基于 STIRPAT 模型的我国人均二氧化碳排放影响因素分析 [J]，数理统计与管理，34（2）：243-253.

马晓明，段滢，李鑫，周吉萍，等，2018. 深圳市电力部门碳减排路径研究 [J]. 数学的实践与认识，34（2）：24-30.

钱争鸣，刘晓晨，2014. 环境管制、产业结构调整与地区经济发展 [J]. 经济学家（7）：73-81.

渠慎宁，郭朝先，2010. 基于 STIRPAT 模型的中国碳排放峰值预测研究 [J]. 中国人口·资源与境，20（12）：10-15.

任海军，刘高理，2014. 不同城镇化阶段碳排放影响因素的差异研究——基于省际面板数据 [J]. 经济经纬，31（05）：1-7.

任松彦，汪鹏，赵黛青，等，2016. 基于 CGE 模型的广东省重点行业碳排放上限及减排路径研究 [J]. 生态经济，32（7）：69-73.

申笑颜，2013. 中国碳排放影响因素的分析与预测 [J]. 统计与决策，（19）：90-92

宋德勇，卢忠宝，2009. 碳排放影响因素分解及其周期性波动研究 [J]. 中国人口·资源与环境，19（3）：1-24.

宋杰鲲，2012. 基于 LMDI 的山东省能源消费碳排放因素分解 [J]. 资源科学，34（1）：35-41.

宋杰鲲，窦吉芳，2013. 能源消费碳排放零残差因素分解模型研究 [J]. 中国石油大学学报（自然科学版），37（1）：183-189.

宋杰鲲，牛丹平，曹子建，2016. 中国省域碳排放测算及配额分配 [J]. 技术经济（11）：79-87.

孙慧，张志强，周锐，2013. 基于随机前沿模型的中国西部地区碳排放效

率评价研究 [J]. 工业技术经济 (12)：71-77.

孙薇，张骁，2017. 基于 QPSO-LSSVM 算法的中国碳排放预测 [J]. 国网技术学院学报，20 (5)：20-25.

王安静，冯宗宪，孟渤，2017. 中国 30 省份的碳排放测算以及碳转移研究 [J]. 数量经济技术经济研究 (8)：90-105.

王芳，周兴，2012. 人口结构、城镇化与碳排放：基于跨国面板数据的实证研究 [J]. 中国人口科学 (2)：47-56.

王礼刚，庄贵阳，2013. 基于 VAR 模型的甘肃省碳排放影响因素的实证研究 [J]. 生态经济 (1)：47-51.

王少剑，刘艳艳，方创琳，2015. 能源消费 CO_2 排放研究综述 [J]. 地理科学进展，34 (2)：151-164.

王世进，周敏，2013. 我国碳排放影响因素的区域差异研究 [J]. 统计与决策 (12)：102-104.

韦保仁，2016. 中国能源需求与二氧化碳排放的情景分析 [M]. 北京：中国环境科学出版社.

魏厦，2019. 中国碳排放影响因素分析——基于向量误差修正模型的实证研究 [J]. 调研世界 (3)：60-65.

向永辉，2014. 空间计量经济学的发展及其应用 [J]. 浙江科技学院学报，26 (2)：77-85.

肖枝洪，王明浩. 中国碳排放量的组合模型及预测 [J]. 重庆工商大学学报（自然科学版），2016，33 (01)：9-15.

谢守红，蔡海亚，夏刚祥，2016. 中国交通运输业碳排放的测算及影响因素 [J]. 干旱区资源与环境，30 (5)：13-18.

徐丽杰，2014. 中国城镇化对碳排放的影响关系研究 [J]. 宏观经济研究 (6)：63-70，79.

杨桂元，李雕，2011. 影响中国碳排放量因素分析与低碳经济的路径选择 [J]. 科技和产业，11 (1)：71-76.

杨振，2010. 中国能源消费碳排放影响因素分析 [J]. 环境科学与管理 (11)：38-40

姚从容，2012. 人口规模、经济增长与碳排放：经验证据及国际比较 [J]. 经济地理 (3)：138-145.

尹向飞，2014. 人口、消费、年龄结构与产业结构对湖南碳排放的影响及其演进分析：基于 STIRPAT 模型 [J]. 西北人口 (2)：65-69.

曾冰，2019. 长江经济带渔业经济碳排放效率空间格局及影响因素研究 [J]. 当代经济研究（2）：44-48.

张晨栋，宋德勇，2015. 工业化进程中碳排放变化趋势研究——基于主要发达国家 1850—2005 年的经验启示 [J]. 生态经济（10）：24-28.

张德钢，陆远权，2017. 中国碳排放的空间关联及其解释：基于社会网络分析法 [J]. 软科学，31（4）：15-18.

张发明，王艳旭，2016. 融合系统聚类与 BP 神经网络的世界碳排放预测模型研究 [J]. 数学的实践与认识，46（1）：76-84.

张国兴，张振华，刘鹏，等，2015. 我国碳排放增长率的运行机理及预测 [J]. 中国管理科学，23（12）：86-93.

张鸿武，王珂英，项本武，2013. 城镇化对 CO_2 排放影响的差异研究 [J]. 中国人口·资源与环境，23（3）：152-157.

张艳芳，张宏运，2016. 陕西省居民消费碳排放测算与分析 [J]. 陕西师范大学学报（自然科学版），44（2）：98-105.

张翼，卢现祥，2011. 公众参与治理与中国二氧化碳减排行动-基于省级面板数据的经验分析 [J]. 中国人口科学（3）：64-72.

张震，李跃，焦习燕，2017. 能源替代视角下碳排放测算模型构建及减碳机理研究：以煤炭矿区为例 [J]. 矿冶工程，37（3）：152-155.

赵红，陈雨蒙，2013. 我国城镇化进程与减少碳排放的关系研究 [J]. 中国软科学（3）：184-192.

赵息，齐建民，刘广为，2013. 基于离散二阶差分算法的中国碳排放预测 [J]. 干旱区资源与环境，27（1）：63-6.

周葵，戴小文，2013. 中国城镇化进程与碳排放量关系的实证研究 [J]. 中国人口·资源与环境，23（4）：41-48.

周伟，米红，2010. 中国碳排放：国际比较与减排战略 [J]. 资源科学，32（8）：1570-1577.

朱永彬，王铮，2009. 基于经济模拟的中国能源消费与碳排放高峰预测 [J]. 地理学报，65（8）：935-944.

ALBORNOZ F, COLE M, ELLIOTT R J R, et al, 2009. In search of environmental spillovers [J]. World Economy, 32（1）：136-163.

AL-MULALI U, Sab CNBC, Fereidouni HG, 2012. Exploring the bidirectional long run relationship between urbanization, energy consumption, and carbon dioxide emission [J]. Energy, （46）：156-167.

ANG JB, 2007. CO$_2$ emissions, energy consumption, and output in France. Energy Policy, (35): 4772-4778.

ANSELIN L, 1986a. Non-Nested Tests on the Weight Structure in Spatial Autoregressive Models: Some Monte Carlo Results. Journal of Regional Science (26): 267-84.

ANSELIN L, 1986b. Some Further Notes on Spatial Models and Regional Science [J]. Journal of Regional Science (26): 799-802.

ANSELIN L, 1988. Spatial Econometrics: Methods and Models [M]. Dordrecht: Kluwer Academic.

APERGIS N, PAYNE JE, 2009. CO$_2$ emissions, energy usage, and output in Central America [J]. Energy Policy, (37): 3282-3286.

APERGIS N, PAYNE JE, 2010. Renewable energy consumption and economic growth: evidence from a panel of OECD countries [J]. Energy Policy, (38): 656-660.

AROURI MH, BEN YOUSSEF A, HENNI MH, et al. 2012. Energy consumption, economic growth and CO$_2$ emissions in Middle East and North African countries. Energy policy, (45): 342-349.

BAILEY TC, Gatrell AC, 1995. Interactive spatial data analysis [J]. Ecology, 22 (22)

BIRDSALL N, 1992. Another see population and global warning. Population, health and nutrition policy research [R]. Washington, DC: World Bank, 1020.

BIRN J, HESSE M. Geospace Environmental Modeling (GEM) magnetic reconnection challenge' Resistive tearing, anisotropic pressure and Hall effects, J. Geophys. Res. this issue.

DAVIDSON, HENDRY, SRBA, et al, 1978. On the Constancy of Time-Series Econometric Equations [J]. The Economic and Social Review, (27) 5: 401-422.

DICKEY DA, FULLER WA, 1979. Distribution of the estimators for autoregressive time series with a unit root [J]. Journal of the American Statistical Society, (75): 427-431.

DIETZ T, ROSA EA, 1997. Effects of population and affluence on CO$_2$ emissions [J]. Proceedings of the National Academy of Sciences, (94): 175-179.

DINDA S, 2004. Environmental Kuznets curve hypothesis: A survey [J]. Ecological Economics, (49): 431-455.

DINDA S, COONDOO D, 2006. Income and emission: a panel-data based cointegration analysis [J]. Ecological Economics, (57): 167-181

DONGLAN Z, DEQUN Z, PENG Z, 2010. Driving forces of residential CO_2 emissions in urban and rural China: An index decomposition analysis [J]. Energy Policy, (38): 3377-3383. EHRLICH P R, Holdren J P, 1971. Impact of population growth [J]. Science, 171: 1212-1217

FRIEDL B, GETZNER M, 2003. Determinants of CO_2 emissions in a small open economy. Ecological Economics, (45): 133-148.

GE H, HAO X, WEI G, et al, 2018. Feasibility Study on Measuring Atmospheric CO_2 in Urban Areas Using Spaceborne CO_2-IPDA LIDAR [J]. Remote Sensing, 10 (7): 985.

GUAN DB, KLASEN S, HUBACEK K, et al, 2014. Determinants of stagnating carbon intensity in China [J]. Nature Clim Change, 4 (11): 1017-1023.

HAMILTON C, TURTON H, 2002. Determinants of emissions growth in OECD countries. Energy Policy, (30): 63-71.

HOLTZ-EAKIN D, SELDEN TM, 1995. Stoking the fires. CO_2 emissions and economic growth [J]. Journal of Public Economics, (57): 85-101.

HOSSAIN MS, 2011. Panel estimation for CO_2 emissions, energy consumption, economic growth, trade openness and urbanization of newly industrialized countries [J]. Energy Policy, (39): 6991-6999.

KAYA Y, 1989. Impact of carbon dioxide emission on GNP growth: interpretation of proposed secnarios. Presentation to the energy and industry subgroup, response strategies working group [J]. Paris: Response Strategies Working Group, IPCC.

KOOP G, PESARAN MH, Potter SM, 1996. Impulse response analysis in nonlinear multivariate models [J]. Journal of Econometrics, (74): 119-147.

LANTZ V, FENG Q, 2006. Assessing income, population, and technology impacts on CO_2 emissions in Canada: where's the EKC? [J] Ecological Economics, (57): 229-238.

LI H, GUO S, ZHAO H, et al, 2012. Annual Electric Load Forecasting by a Least Squares Support Vector Machine with a Fruit Fly Optimization Algorithm [J]. Energies, (5): 4430-4445.

LI J, ZHANG B, SHI J, 2017. Combining a Genetic Algorithm and Support Vector Machine to Study the Factors Influencing CO_2 Emissions in Beijing with Scenario Analysis. Energies, (10): 1520.

LI Y, ZHAO R, LIU T, et al, 2015. Does urbanization lead to more direct and indirect household carbon dioxide emissions? Evidence from China during 1996—2012 [J]. Journal of Cleaner Production, 102: 103-114.

LIASKAS K, MAVROTAS G, MANDARAKA M, et al, 2000. Decomposition of industrial CO_2 emissions: the case of the European Union [J]. Energy Economics, (22): 383-394.

LIDDLE B, 2013. The energy, economic growth, urbanization nexus across development: Evidence from heterogeneous panel estimates robust to cross-sectional dependence [J]. The Energy Journal, (34): 223-244.

LISE W, 2006. Decomposition of CO_2 emissions over 1980—2003 in Turkey [J]. Energy Policy, (34): 1841-1852.

MENG M, Niu D, 2011. Modeling CO_2 emissions from fossil fuel combustion using the logistic equation [J]. Energy, 36 (5): 3355-3359.

OTTAVIANOTAL, 2002. Home Market Effects and the (in) Efficiency of International Specialization [Z]. NBER Working Paper.

OTTO A. Geospace Environmental Modeling (GEM) magneticreconnection challenge: MHD and Hall MHD - constantand current dependent resistivity models, J. Geophys. Res. this issue.

PASURKA A C, 2003. Changes in emissions from U. S. manufacturing: a joint production perspective [J]. Social Science Research Network, http://pappers. ssn. com/abstract=418720.

PEDRONI P, 1999. Critical values for cointegration tests in heterogeneous panels with multiple regressors, Oxford Bulletin of Economics and Statistics, (61): 653-670.

PHILLIPS P, Perron P, 1988. Testing for a unit root in time series regressions [J]. Biometrica, (75): 335-346.

ROBERT F, 1987. Engle and C. W. J. Granger. Co-intigration and error correction: representation, estimation [J]. Econometrica, (55) 6: 251-276

SADORSKY P, 2014. The effect of urbanization on CO_2 emissions in emerging economies [J]. Energy Economics, (41): 147-153.

SCHIPPER L, TING M, KHRUSHCH M, et al, 1997. The evolution of carbon dioxide emissions from energy use in industrialized countries: an end-use analysis [J]. Energy Policy, (25): 651-672.

SHAFIK N, 1994. Economic development and environmental quality: an econometric analysis. Oxford Economic Papers: 757-773.

SIMS C A, 1980. Macroeconomics and reality [J]. Econometrica, 48 (1): 1-47.

STERN D I, 2002. Explaining changes in global sulfur emissions: an econometric decomposition approach. Ecological Economics, (42): 201-220.

STREETS D G, JIANG K J, HU X 1, et al, 2001. Recent Reductions in China's Greenhouse Gas Emissions [J]. Science, 2001: 294 (5548): 1835 -1837.

SULAIMAN M H, MUSTAFA MW, SHAREEF H, et al, 2012. An application of artificial bee colony algorithm with least squares support vector machine for real and reactive power tracing in deregulated power system. Int. J. Electr. Power Energy Syst, (37): 67-77.

TODA HY, YAMAMOTO T, 1995. Statistical inference in vector autoregression with possibly integrated processes [J]. Journal of Econometrics, (66): 225-250.

ULLASH K, 2011. Rout. Energy and emissions forecast of China over a long-time horizon [J]. Energy (36): 1-11.

WAGGONER PE, AUSUBEL JH, 2002. A framework for sustainability science: a renovated IPAT identity. Proceedings of the National Academy of Sciences, 99 (12): 7860/7865.

WANG A, LIN B, 2017. Assessing CO_2 emissions in China's commercial sector: Determinants and reduction strategies. J Clean Prod, (164): 1542-1552.

WANG C H, 2007. Decomposing energy produtivity change: a distance function approach [J]. Energy (32): 1326-1333.

WANG CGJ, WANG F, ZHANG HO, et al, 2014. China's carbon trading scheme is a priority [J]. Environmental Science& Technology, 48 (23): 13559-13559.

WANG CJ, ZHANG HO, YE YY, et al, 2017. Analysis of influencing mechanism of carbon emissions in Guangdong Province based on the IO-SDA model. Tropical Geography, 37 (1): 10-18.

WANG Q, 2013. Measuring carbon dioxide emission performance in Chinese provinces: a parametric approach [J]. Renewable and Sustainable Energy Reviews,

21: 324-330.

WANG Z X, YE D J, 2016. Forecasting Chinese carbon emissions from fossil energy consumption using non-linear grey multivariable models [J]. Cleaner Production, 142 (2): 600-612.

WANG Z, YE D, 2017. Forecasting Chinese carbon emissions from fossil energy consumption using non-linear grey multivariable models. J Clean Prod, (142): 600-612.

WOOD R, 2009. Structural decomposition analysis of Australia's greenhouse gas emissions [J]. Energy Policy, 37 (4): 4943-4948.

YONG W, GUANGCHUN Y, YING D, et al, 2018. The Scale, Structure and Influencing Factors of Total Carbon Emissions from Households in 30 Provinces of China-Based on the Extended STIRPAT Model [J]. Energies, 11 (5): 1125.

YORK R, ROSA EA, DIETZ T, 2003. STIRPAT, IPAT and ImPACT: analytic tools for unpacking the driving forces of environmental impacts [J]. Ecological Economics, 46 (3) : 351-365

ZAPATA HO, RAMBALDI AN, 1997. Monte Carlo evidence on cointegration and causation [J]. Oxford Bulletin of Economics and Statistics (59): 285-298.

ZENG N, DING YH, PAN JH, et al, 2008. Climate change the Chinese challenge [J]. Science, 319 (5864): 730-731.

ZHANG N, WEI X, 2015. , Dynamic total factor carbon emissions perfromance changes in the Chinese transportation industry [J]. Applied Energy (146): 409-420.

ZHOU P, ANG B W, POH K L, 2008. A Survey of data envelopment analysis in energy and environmental studies [J]. European Journal of Operational Research (189): 1-18.

ZHOU P, ANG B W, HAN J Y, 2010. Total factor carbon emission performance: A Malmquist index analysis [J]. Energy Economics, 32 (1): 194-201.

ZHU N, ZHANG YF, 2015. Mechanism of carbon emissions intensity response to industrial evolvement and energy consumption structure change in Shaanxi Province [J]. Arid Land Geography, 38 (4): 843-850.

ZOFIO J L, PRIETO A M, 2001. Environmental efficiency and regulatory standards: The case of CO_2 emissions from OECD industries [J]. Resource and Energy Economics, 23 (1): 63-83.